神秘教室

SHENMI JIAOSHI

发现液体的秘密

FAXIAN YETI DE MIMI

知识达人 编著

成都地图出版社

图书在版编目（CIP）数据

发现液体的秘密 / 知识达人编著 . —— 成都：成都地图出版社，2016.9 （2021.5 重印）
（神秘教室）
ISBN 978-7-5557-0478-2

Ⅰ.①发… Ⅱ.①知… Ⅲ.①水－普及读物 Ⅳ.
① P33-49

中国版本图书馆 CIP 数据核字 (2016) 第 213102 号

神秘教室——发现液体的秘密

责任编辑：	向贵香
封面设计：	纸上魔方

出版发行：	成都地图出版社
地　　址：	成都市龙泉驿区建设路2号
邮政编码：	610100
电　　话：	028－84884916，84884921（营销部）
传　　真：	028－84884649，84884820
印　　刷：	固安县云鼎印刷有限公司

（如发现印装质量问题，影响阅读，请与印刷厂商联系调换）

开　本：	787mm×1092mm　1/16		
印　张：	8	字　数：	160千字
版　次：	2017年2月第1版　2021年5月第4次印刷		
书　号：	ISBN 978-7-5557-0478-2		
定　价：	38.00 元		

版权所有，翻印必究

前 言

在生活中，你是否遇到过一些不可思议的问题？比如怎么也弯不了的膝盖，怎么用力也无法折断的小木棍；你肯定还遇到过很多不解的问题，比如天空为什么是蓝色而不是黑色或者红色，为什么会有风雨雷电；当然，你也一定非常奇怪，为什么鸡蛋能够悬在水里，为什么用吸管就能喝到瓶子里的饮料……

我们想要了解这个神奇的世界，就一定要勇敢地通过实践取得真知，像探险家一样，脚踏实地去寻找你想要的那个答案。伟大的科学家爱因斯坦曾经说："学习知识要善于思考，思考，再思考。"除了思考之外，我们还需要动手实践，只有自己亲自动手获得的知识，才是真正属于自己的知识。如果你亲自动手，就会发现膝盖无法弯曲和人体的重心有关，你也会知道小木棍之所以折不断，是因为用力的部

位离受力点太远。当然，你也能够解释天空呈现蓝色的原因，以及风雨雷电出现的原因。

　　一切自然科学都是以实验为基础的，从小养成自己动手做实验的好习惯，是非常有利于培养小朋友们的科学素养的。让我们一起去神秘教室发现电荷的秘密、光的秘密、化学的秘密、人体的秘密、天气的秘密、液体的秘密、动物的秘密、植物的秘密和自然的秘密。这就是本套书包括的最主要的内容，它全面而详细地向你展示了一个多姿多彩的美妙世界。还在等什么呢，和我们一起在实验的世界中畅游吧！

目 录

"漂在水面"的针 / 1
有孔纸片"托水" / 4
净化水的实验 / 7
哪个孔喷水远些 / 10
"自动旋转"的奥秘 / 13
用纸盒"烧水" / 16
你也能用水作画 / 19

水膨胀的"力量" / 22
让鸡蛋在水中"浮起来" / 25
沸水底下"藏着冰" / 28
巧取水中的硬币 / 31
"倒不出来"的水 / 34
"浸不湿"的手帕 / 37

神秘的"肥皂泡" / 40
玻璃上的"美丽冰花" / 43
"漂在水上"的火焰 / 46
会"走"的杯子 / 49
"不湿手"的水 / 52
蒸汽"托起"小水滴 / 55
水往高处"爬" / 58

"水"、"酒"拔河赛/161
把水拧成"绳"/164
"贪吃"的牙签/167
水也能当"放大镜"/170
"不怕冷"的眼镜/173
水中冒"青烟"/176
宣纸上的"浮水"印/179

水下吐"烟圈"/182
被"囚禁"的水泡/185
美丽的"水塔"/188
会"游泳"的柠檬/191
"人缘"好的洗涤剂/194
会"跳舞"的葡萄干/197
奇怪的"墨水流"/1100

会"开放"的纸花/1103
活跃的"潜水员"/1106
"不停"的螺旋/1109
"行动"迅速的火柴/1112
看"谁"先沉下去/1115
杯中"喷泉"/1118

"漂在水面"的针

你需要准备的材料：

☆ 两只碗
☆ 两根针
☆ 一瓶清洁剂

◎ 实验开始：

1. 在两只碗里倒满清水；
2. 小心地在两碗水的表面各放一根针，你会发现两根针都浮在水面上；
3. 向其中一个碗里的水面滴一滴清洁剂，会发生什么现象；
4. 再用手指轻轻地碰一下另一个碗水面上的针，会发生什么现象？

◎**有趣的发现：**

两个碗内的针原本还都浮在水面上，但是当向其中一个碗内滴一滴清洁剂时，针顿时落入了碗底；而用手指轻轻地碰一下另一个碗内的针，也发生了相同的情况。

皮特好奇地问："为什么两根针在一开始能浮在水面上呢？"

查尔斯大叔说："这很简单，因为水的表面张力支撑住了针，使针不会下沉。"

皮特好奇地问："那为什么滴一滴清洁剂和用手指轻轻碰一下，针就立刻沉入碗底了呢？"

查尔斯大叔说："滴入了清洁剂之后，降低了水的表面张力，针就浮不住了。同理，当你轻轻碰一下水面的针时，就打破了水面原有的表面张力，针就会沉入碗底了。"

水的表面张力

液体表面因为分子之间引力不均衡而产生的力，叫作表面张力。这种力沿液体的表面作用于任一界线上。也正是因为这种表面张力的存在，让一些小昆虫能够无拘无束地在水面上行走。

威廉："查尔斯大叔，我有点想不通！"

查尔斯大叔："你想不通什么呢？"

威廉："你看，为什么我往碗里放的针都沉了呢？"

皮特："小傻瓜，你先看看自己的袖子吧！"

威廉："啊，怎么会这样，原来是我的袖子碰了水面，哼，真坏事，我去剪掉它！"

查尔斯大叔："快回来！"

有孔纸片"托水"

你需要准备的材料：

☆ 一瓶可乐
☆ 一张白纸
☆ 一枚大头针

◎ 实验开始：

1. 拧开可乐瓶；
2. 用大头针在白纸上扎一些密集的小孔；
3. 用有孔纸片盖住瓶口；
4. 用手压着纸片，将水瓶倒转，使瓶口朝下；
5. 将手轻轻从瓶口移开，看看发生了什么？

◎ 有趣的发现：

纸片会纹丝不动地盖住瓶口，而且水也未从纸片的孔中流出来。

威廉好奇地问："为什么纸片能托住一整瓶的可乐？"

查尔斯大叔说："由于水的表面张力的作用，在纸的表面形成了一层水的薄膜，使水不会从纸上的小孔中漏出。"

威廉又好奇地问："为什么可乐不会从小孔里流出呢？"

查尔斯大叔说："这很简单，由于大气压力作用于纸片上，对纸片产生了一种向上的托力，所以将装满水的瓶子倒置，水也不会流出，就像是纸片向上托住了水一样。"

常见的表面张力

其实水的表面张力十分常见，比如叶子上滚动的球形露珠、打破温度计后洒落在地上的"水银球"，还有那个虽然表面有很多小孔却不会漏雨的伞……这些现象都是与液体的表面张力有关系。

威廉已将材料准备好了，信心满满地说："查尔斯大叔，快来看，我就要大功告成了！"

皮特、查尔斯大叔围坐过来。

威廉用有孔纸片把装满水的瓶口盖住，可是由于心急，还未用手压紧纸片，就将瓶子倒转，等到瓶口完全朝下时，自信地把手轻轻移开，只听见"哗"的一声，水一下子从瓶子里喷了出来，威廉惊讶地大叫："怎么会这样？"

查尔斯大叔："皮特，你说一下，威廉哪儿做得不对？"

皮特疑惑地看着查尔斯大叔："没看清楚，他做得太快了。"

查尔斯大叔指着那张纸："秘密就在这儿呢，他没把纸片压紧就开始倒转。"

威廉、皮特恍然大悟："哦，原来是这样啊！"

净化水的实验

你需要准备的材料：

☆ 适量烘烤过的木炭或者活性炭

☆ 若干块脱脂棉　　☆ 一支注射器

☆ 一瓶自来水　　　☆ 两个纸杯

☆ 一瓶红墨水

◎ 实验开始：

1．找一支注射器针筒，将一小团脱脂棉放进筒里；

2．然后向注射器内加少许活性炭粉，在活性炭层上面再放适量脱脂棉；

3．取一个纸杯装满水，将红墨水滴入若干滴，至水呈红色；

4．往注射器内注入红颜色的水，用干净纸杯接住流出的液体，看看液体是什么颜色？

7

◎ **有趣的发现：**

经过活性炭层吸附后，用纸杯接住流出的液体，可以观察到液体有明显的褪色现象。

皮特好奇地问："活性炭怎么这么神奇？"

查尔斯大叔说："活性炭是一种拥有发达孔隙构造的含碳物质，正因为它的结构特殊，所以它拥有吸附杂质的能力，能够达到吸收、收集杂质的目的。"

活性炭的作用

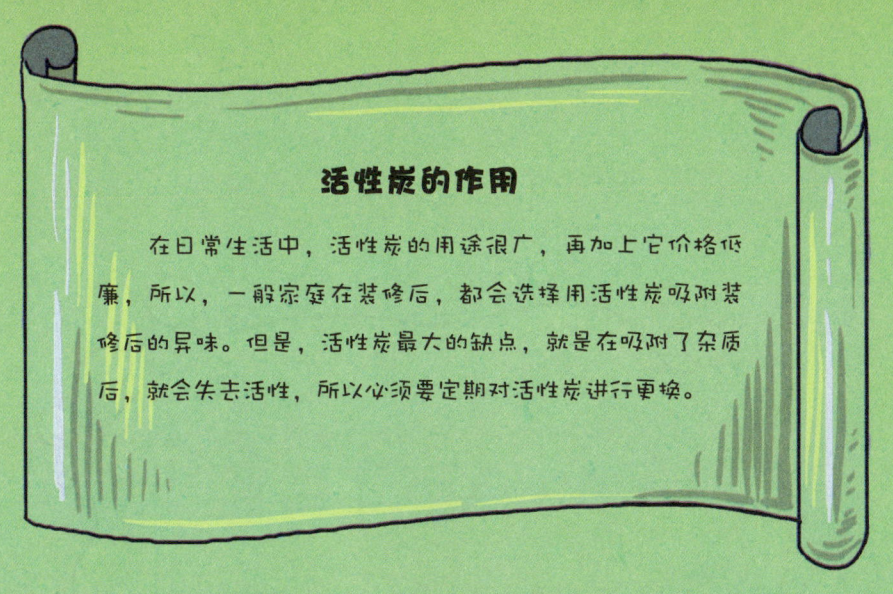

在日常生活中，活性炭的用途很广，再加上它价格低廉，所以，一般家庭在装修后，都会选择用活性炭吸附装修后的异味。但是，活性炭最大的缺点，就是在吸附了杂质后，就会失去活性，所以必须要定期对活性炭进行更换。

威廉："查尔斯大叔，既然活性炭这么棒，能吸掉好多的杂质，我有个大胆的想法！"

查尔斯大叔："小家伙，你想做什么？"

威廉："每次喝水前，我都要用活性炭过滤，检查一下妈妈烧的水有没有问题！"

查尔斯大叔："过滤后，滤出的水千万别喝哦！"

哪个孔喷水远些

你需要准备的材料：

☆ 一个装牛奶的纸盒
☆ 一卷胶带
☆ 一颗钉子
☆ 适量的水
☆ 一个平盘

◎ **实验开始：**

1. 放好牛奶盒，用钉子在盒上戳三个孔。三个孔的位置分别是底部、中部和上部；

2. 用胶带把三个孔封住；

3. 将纸盒中加满水；

4. 将平盘放在有孔的侧面的下方，把胶布撕开，观察三个孔的喷水有什么不同？

◎ **有趣的发现：**

从底部流出的水喷射得最远，其次是中部的水，喷得最近的是从顶部喷出的水。

皮特好奇地问："为什么同样的水，由不同的位置喷出，水的射程会不同呢？"

查尔斯大叔说："这都是由水压力决定的，因为水的压力是由深度决定，所以水越深，压力就越大，这样喷射的距离也就越远，而水越浅，压力就越小，喷射的距离也就越近。"

水压

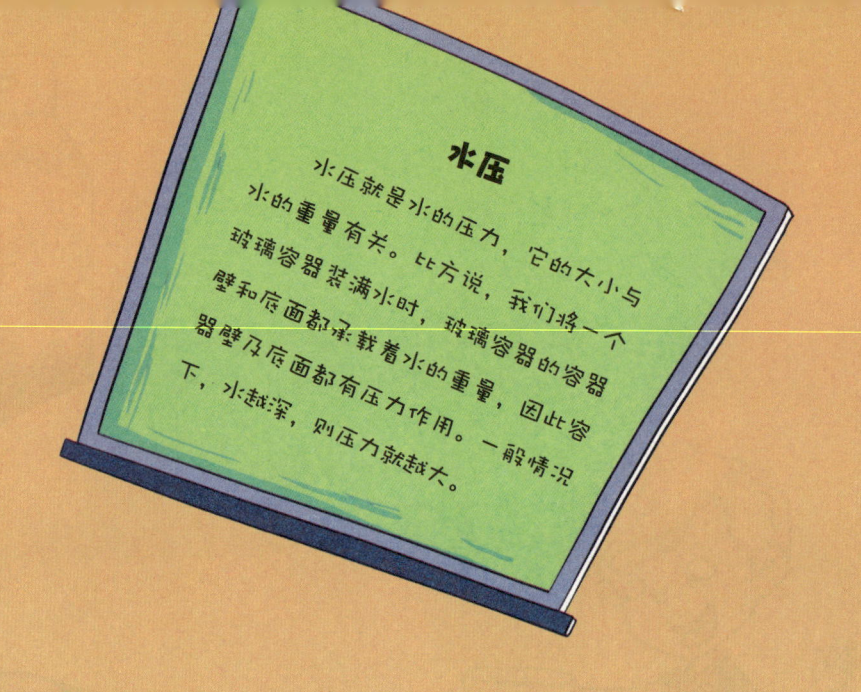

水压就是水的压力，它的大小与水的重量有关。比方说，我们将一个玻璃容器装满水时，玻璃容器的容器壁和底面都承载着水的重量，因此容器壁及底面都有压力作用。一般情况下，水越深，则压力就越大。

艾米丽："威廉，你在想什么呢？"

威廉："我打算用这个小实验去浇花呢。"

艾米丽："浇花？"

威廉："是啊，我们做一个很大的桶，上面钻上孔，利用水的压力，我们不用动，就能把花坛里的花都浇了！"

艾米丽："哇！威廉，你实在太聪明了！"

威廉："你别再夸我了，我会骄傲的！"

"自动旋转"的奥秘

你需要准备的材料：

☆ 一个空的牛奶包装盒
☆ 一颗钉子
☆ 一根绳子
☆ 一个水盆
☆ 一定量的水

◎ 实验开始：

1. 用钉子在空牛奶盒上扎五个孔，一个孔在纸盒顶部的中间，另外四个孔在纸盒四个侧面的左下角；

2. 把一根长60厘米的绳子系在空牛奶盒顶部的孔上；

3. 把空牛奶盒放进水盆里，快速地将盒子里灌满水，然后用手提起盒子上的绳子，你发现了什么？

◎ 有趣的发现：

当你把纸盒提起来的时候，盒子会顺时针旋转。

艾米丽看着这个旋转的纸盒，不解地问："咦？又没有碰这个纸盒子，怎么会旋转呢？"

查尔斯大叔笑了笑说："盒子之所以会跟着旋转，就是因为纸盒的盒底和内壁受到了水的压力，再加上纸盒侧壁上有小孔，水就会从这些小孔中流出来，当水流出来的时候，就会对纸盒产生大小相等、方向相反的反作用的推力，而纸盒这四个角都有推力，这就让纸盒做起了顺时针方向的运动。"

会"衰老"的水

人的日常生活离不开水,水在我们的生活中就像空气那样,有着非常重要的作用,为了自己的身体健康,人们每天都会饮用大量的水。但是,水也会"衰老",通常情况下,水放置三天就开始变质,若是饮用这种水,不仅不会给身体带来好处,反而会损害身体。

皮特:"威廉,你浑身怎么湿漉漉的?"

威廉:"我本来想做一个更大一点的实验,可是……"

皮特:"可是什么?"

威廉:"可是我忘了水会向四周喷洒,所以我裤子都被打湿了。"

用纸盒"烧水"

你需要准备的材料：

☆ 一个纸盒
☆ 一片石棉网
☆ 一个酒精灯
☆ 一个三角架
☆ 一盒火柴

◎ 实验开始：

1. 首先，往纸盒里倒入适量的水；
2. 然后，把盛水的纸盒放到铺有石棉网的三角架上；
3. 再把酒精灯放在三角架下，用火柴点燃酒精灯；
4. 1分钟过后，观察发生了什么变化；15分钟之后，再观察纸盒里的水发生了什么变化。

◎ 有趣的发现:

15分钟左右,纸盒上方飘起了白色的蒸汽,水沸腾了。

皮特好奇地问:"为什么纸盒能烧水,而纸盒没有被点着?"

查尔斯大叔说:"在常压下,水的沸点是100℃,而纸盒的燃点在130℃左右,要高于水的沸点。烧水时,酒精灯火焰通过石棉网把热能传递给纸盒,纸盒中的水吸收热量之后,水温逐渐升高,当达到100℃时水就会烧开,而纸盒必须达到130℃的温度时,才会燃烧,所以当水烧开时,纸盒不会燃烧。"

沸点

当液体达到一定温度的时候，会出现一种大量气泡示意这种从水底向水面翻滚而出的气化现象。而沸点就是液体达到沸腾时的温度，不同液体的沸点各不相同。液体沸点的高低一般与其浓度和外界气压高低的影响，水的沸点在正常情况下是100℃。

威廉："查尔斯大叔，我要回家做个大大的纸盒！"

查尔斯大叔："大纸盒，你想用来干什么啊？"

威廉："用它盛水啊，每天用大纸盒烧水，这样就能节省电费了，我聪明吧？"

查尔斯大叔："小家伙，快回来，小心水烫！"

你也能用水作画

你需要准备的材料：

☆ 一瓶红墨水、一瓶黑墨汁
☆ 一个小水缸
☆ 半缸清水
☆ 一张白纸

◎ 实验开始：

1．在小水缸中加入半缸清水；
2．在清水中滴入几滴红墨水、再滴入几滴黑墨汁；
3．轻轻地将白纸在水面上浸几秒钟，然后将白纸拿起晾干；
4．观察白纸上出现的变化。

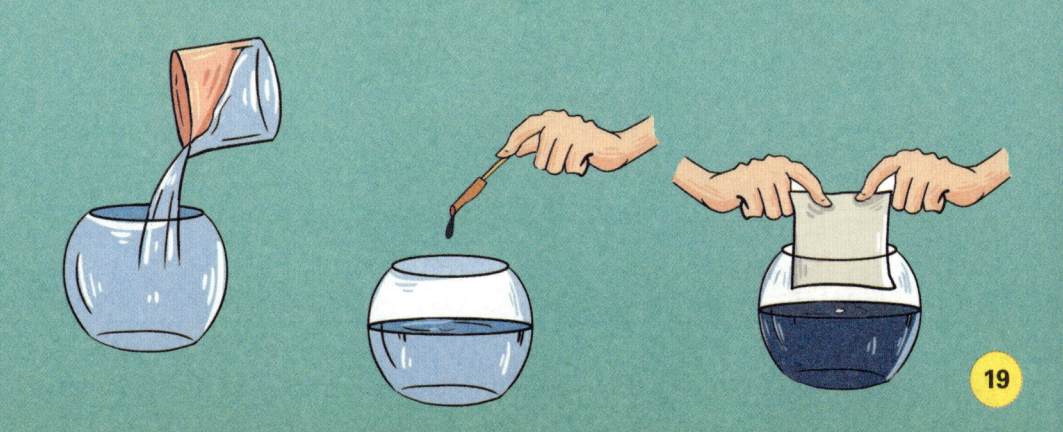

◎**有趣的发现：**

白纸晾干后，你会在上面看到一幅奇特的画。

威廉："真奇怪，白纸上怎么会形成一幅画呢？"

查尔斯大叔："那是因为水面上轻薄的油脂将墨汁托起来。当白纸放到水面上之后，水面上的画面就会翻印到纸张上。"

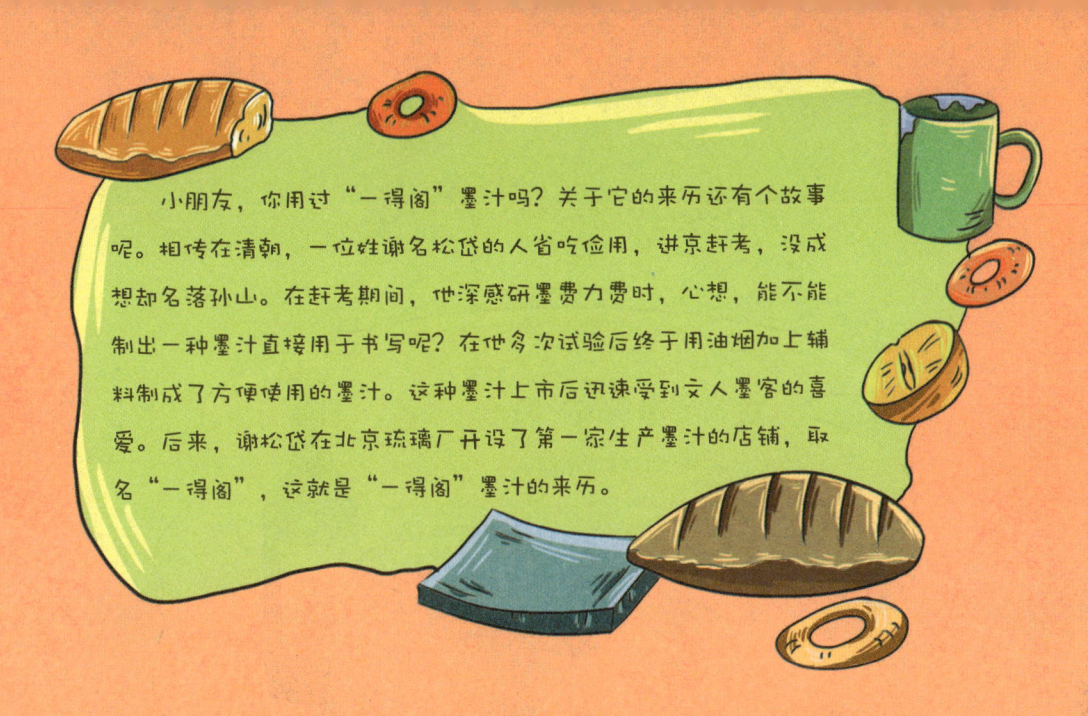

小朋友，你用过"一得阁"墨汁吗？关于它的来历还有个故事呢。相传在清朝，一位姓谢名松岱的人省吃俭用，进京赶考，没成想却名落孙山。在赶考期间，他深感研墨费力费时，心想，能不能制出一种墨汁直接用于书写呢？在他多次试验后终于用油烟加上辅料制成了方便使用的墨汁。这种墨汁上市后迅速受到文人墨客的喜爱。后来，谢松岱在北京琉璃厂开设了第一家生产墨汁的店铺，取名"一得阁"，这就是"一得阁"墨汁的来历。

皮特回家准备好一盆水，两瓶墨汁和一张白纸。

妈妈一脸疑惑："你想用来干什么啊？"

皮特："妈妈，我要给你画一幅画，很快就会大功告成！"

只见皮特把两瓶墨汁全部倒入盆中，白纸放在水面上顿时就变成了黑色。

妈妈："我就知道你除了捣乱，什么都干不了！"

水膨胀的"力量"

你需要准备的材料：
- ☆ 一个细颈的酒瓶
- ☆ 若干铝箔
- ☆ 适量水
- ☆ 冰箱

◎ 实验开始：

1. 将酒瓶中灌满水；
2. 将铝箔纸盖在酒瓶的瓶口，不用太紧，松松的就可以；
3. 将酒瓶放入冰箱；
4. 当酒瓶中的水冻结实后，你看到了什么？

◎**有趣的发现：**

当酒瓶中的水冻结实后，你会发现冰把铝箔顶起来了。甚至连酒瓶都会被冻裂。

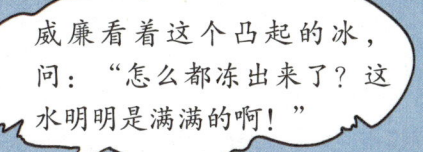

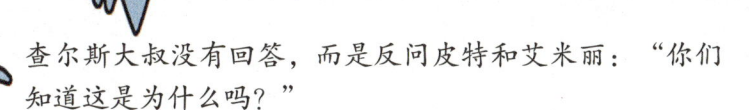

威廉看着这个凸起的冰，问："怎么都冻出来了？这水明明是满满的啊！"

查尔斯大叔没有回答，而是反问皮特和艾米丽："你们知道这是为什么吗？"

两人都摇摇头，查尔斯大叔解释说："这主要是因为水在结冰时体积会膨胀。我们都知道，水是液态的，当它达到零摄氏度以下的温度时，就会结冰，成为固态，体积也就会随之膨胀。就像试验中，当水在瓶子中结冰时，体积就会膨胀，这样就将酒瓶中的铝箔纸顶起来了。"

热缩冷胀的水

与其他物质不同，水热胀冷缩的现象是反常的。在低于4℃时，水会热缩冷胀，导致密度下降；而大于4℃时，则恢复热胀冷缩的性质。这也是水的最重要也是最奇妙的特性之一。当水结冰时，冰的密度小，浮在水面上。但如果冰的密度比水大，冰会不断沉到水下，天暖的时候也不会解冻，来年上面的水继续冰冻，直到所有的水都结成了冰，最后所有的水生生物都不会存在了。

艾米丽："威廉，你又在做实验吗？"

威廉："是啊！可是我把水加热了，它并不是热缩冷胀啊！你看，水都没了。"

艾米丽："威廉，难道你忘了查尔斯大叔说的吗？水只有在低于4℃时才会热缩冷胀。"

让鸡蛋在水中"浮起来"

你需要准备的材料：

☆ 一个鸡蛋
☆ 适量水
☆ 一个杯子
☆ 一双筷子
☆ 一袋食用盐

◎ 实验开始：

1. 杯子中装满水，然后将鸡蛋放入杯子中，鸡蛋会很快沉入杯底；
2. 往杯子中放入一些食用盐，并用筷子轻轻搅动，让杯子中的水成为饱和食盐水；
3. 观察水中的鸡蛋，你发现了什么？

◎ **有趣的发现：**
当杯子里的水成为饱和食盐水后，沉在杯底的鸡蛋竟然浮了起来。

看到鸡蛋浮起来后，威廉大声叫道："啊！快看！鸡蛋居然浮起来了！"

皮特在一旁观看，不禁感慨："太神奇了！查尔斯大叔，这是怎么回事啊？"

查尔斯大叔解释说："没放盐之前的水，密度要小于鸡蛋的密度，所以鸡蛋会沉入水底。而饱和食盐水的密度要比鸡蛋的密度大，所以鸡蛋就浮在水面上了。"

生命的禁区——"死海"

世界上最深的、最咸的咸水湖就是死海,由于含盐量较高,死海中没有生物,甚至连海岸线上都很少能看到生物,所以它被人称之为"死海"。由于死海中盐的浓度较高,人在死海上不仅不会沉下去,而且能够不借助任何外力漂浮在海面上。

皮特和艾米丽看到在河边忙碌的威廉,皮特:"威廉,快过来这边玩啊!河边有什么好玩的。"

威廉:"你们来得正好,快来帮帮我吧!"

艾米丽:"你往河里撒盐做什么?"

威廉:"我就是想让你们帮我往河里撒盐,这样河水就能变得像死海那样了!多棒啊!"

皮特:"威廉,这条河与死海是不一样的,咱们这里的河水是流动的,放进去多少盐都不会变成死海的。"

沸水底下"藏着冰"

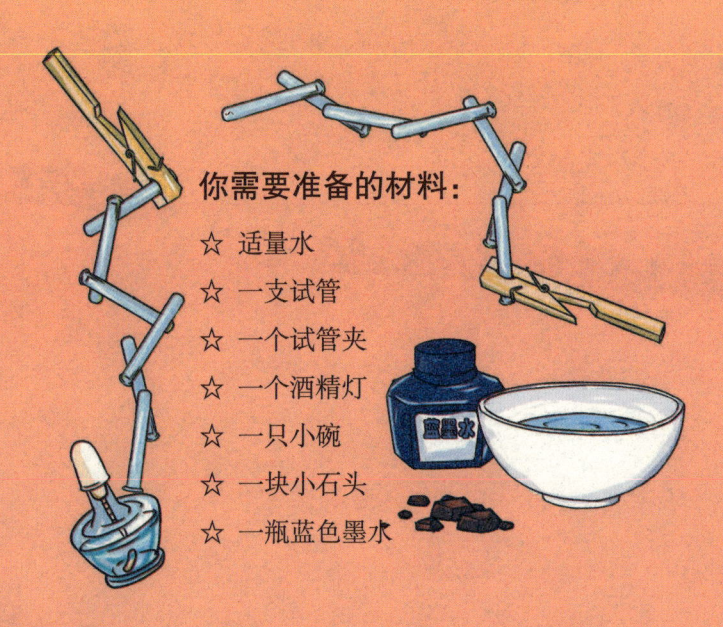

你需要准备的材料：

☆ 适量水
☆ 一支试管
☆ 一个试管夹
☆ 一个酒精灯
☆ 一只小碗
☆ 一块小石头
☆ 一瓶蓝色墨水

◎实验开始：

1. 把清水倒入碗中，并滴上几滴蓝色墨水，让水变成蓝色，然后再把碗放入冰箱里冷冻，第二天再拿出来用；

2. 把冰从碗里拿出来，把冰敲碎，取出一小块放入试管中，再把小石头放入试管中，然后向试管中加入适量的水；

3. 用试管夹夹着试管，用酒精灯加热试管上半部分，几分钟后，你发现了什么？

第二天

◎ **有趣的发现：**

当你夹着试管夹在酒精灯上加热时，几分钟后，试管里面的水就沸腾了，但是试管里面蓝色的冰却还没有融化。

看到这一现象，威廉大呼："天啊！水都沸腾了，冰居然还没有融化！真是太神了！查尔斯大叔，这是怎么回事啊？"

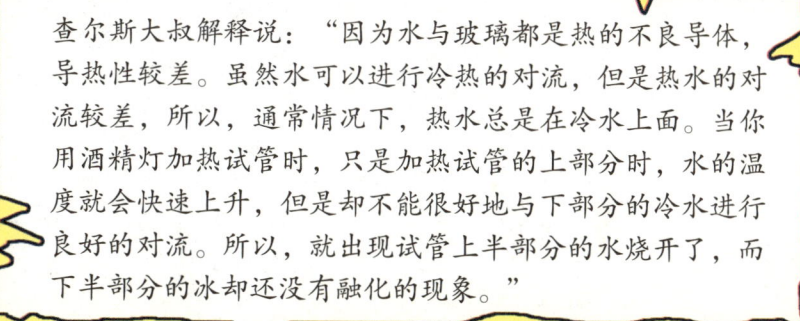

查尔斯大叔解释说："因为水与玻璃都是热的不良导体，导热性较差。虽然水可以进行冷热的对流，但是热水的对流较差，所以，通常情况下，热水总是在冷水上面。当你用酒精灯加热试管时，只是加热试管的上部分时，水的温度就会快速上升，但是却不能很好地与下部分的冷水进行良好的对流。所以，就出现试管上半部分的水烧开了，而下半部分的冰却还没有融化的现象。"

水是生命之源

在地球上,哪里有水,哪里就有生命。一切生命活动都是起源于水的。人体内的水分,大约占到体重的60%~70%。植物体内含有的水约占其体重的75%,有些蔬菜的含水量可达其体重的90%~95%,一些水生植物的含水量甚至可达到98%以上。由此可见,水在生物体的生命活动中发挥着重要的作用。它可以帮助植物输送养分;水可以使植物枝叶保持婀娜多姿的形态;水会参与植物的光合作用,制造有机物;水的蒸发,可以使植物保持稳定的温度不致被太阳灼伤。

威廉:"皮特,快来帮我看一看,我重新做了一遍查尔斯大叔教的实验,怎么还是不成功啊?"

皮特:"我来看看。"

威廉:"你看,我明明是按照步骤进行的,可是冰总会融化。"

皮特:"威廉,你是不是给试管底部加热了?"

威廉:"是啊!"

皮特:"难道你忘了是加热上半部分吗?"

巧取水中的硬币

你需要准备的材料：

☆ 一个塑料缸
☆ 一只玻璃杯
☆ 一枚硬币
☆ 一个打火机
☆ 一根蜡烛
☆ 一个能稳固蜡烛的底座

◎ 实验开始：

1. 先把硬币投入到塑料缸内，倒入适量的水，如果你想把硬币取出来，你会怎么做？

2. 用打火机将蜡烛点燃，固定在事先放入塑料缸的底座里，然后用玻璃杯罩住蜡烛，倒扣在塑料缸里，等蜡烛熄灭后，观察会发生什么？

◎**有趣的发现：**

塑料缸里的水"吱吱"地往玻璃杯里钻，最后塑料缸里的水一点都没有了，而玻璃杯中装满了水，这时可以伸手把硬币取出来了，并且不会弄湿手。

皮特好奇地问："这是为什么？"

查尔斯大叔说："蜡烛燃烧时把玻璃杯中的氧气用完了，再加上燃烧后的热废气逐渐冷却，杯子中的气体体积减小，外界的压强高于杯中压强，杯外的大气压会把水压进杯子里，直到杯子内外的压强达到平衡，这样塑料缸里的水就都流到杯子里了。"

生活中的热胀冷缩现象

物体的基本性质之一就是热胀冷缩，气体同样也具有这种性质，在日常生活中，很多现象都是因为热胀冷缩而产生的，比如夏天的自行车车胎不能把气打得太足；当乒乓球弄瘪之后，用热水浇到乒乓球上，瘪乒乓球就会重新鼓起来等。

皮特："查尔斯大叔，刚才我正走在回家的路上，兜里的硬币从口袋中跳出，掉进了院子里的臭水沟里，该怎么办呢？"

查尔斯大叔："大家帮他想想该怎么办呢？"

威廉："那只好委屈自己用手掏出来了，要不戴上一副手套吧？"

艾米丽："哈哈！"

"倒不出来"的水

你需要准备的材料：
- ☆ 一个水杯
- ☆ 适量水
- ☆ 一张纸

◎ 实验开始：

1. 在水杯中灌满水；
2. 用纸盖住水杯，注意要盖严；
3. 一只手拿起水杯，另一只手轻轻放在盖杯子的纸上，然后将杯子倒扣过来，再轻轻挪开盖纸的手，你发现了什么？

◎ **有趣的发现：**

当你挪开手时，杯中的水并没有流出来，而是因为被纸挡住，无法倒出来。

皮特看到杯中并没有洒出水，十分吃惊："天啊！这也太神奇了！这纸居然把水给挡住了！查尔斯大叔，这到底是怎么回事啊？"

查尔斯大叔说："这是因为大气压力的作用，所以杯中的水才无法倒出来！"

威廉不解地问："大气中的压力？这个压力有这么大吗？居然能挡住水？"

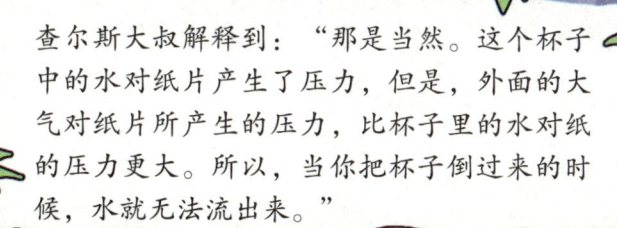

查尔斯大叔解释到："那是当然。这个杯子中的水对纸片产生了压力，但是，外面的大气对纸片所产生的压力，比杯子里的水对纸的压力更大。所以，当你把杯子倒过来的时候，水就无法流出来。"

压 力

两个物体相互接触挤压发生形变而产生的力,就是压力。在一个点上施加压力,若是压力不变,那么物体受力面积越小,压力的效果就越明显。

艾米丽:"威廉,你怎么了?不舒服吗?"

威廉:"我浑身都疼!"

艾米丽:"怎么回事啊?要不要去看医生?皮特,你快来呀!威廉生病了。"

威廉:"没关系,我就是觉得身边的压力好大,'压'得我浑身都难受。"

艾米丽一脸无奈。

"浸不湿"的手帕

你需要准备的材料：

☆ 一块手帕
☆ 一个玻璃杯
☆ 适量水
☆ 一个盆子

◎ 实验开始：

1. 将手帕紧紧塞进一个玻璃杯的杯底；
2. 往盆子中倒入水，水的高度要高于玻璃杯的高度；
3. 把杯子倒过来，将倒扣的杯子垂直放入水盆中，你发现了什么？

◎ **有趣的发现：**

虽然水盆中的水能没过杯子，但是，当把水杯倒扣放入水中后，再将水杯拿出来，你会发现里面的手帕居然没有湿。

艾米丽看着干的手帕，不解地问："查尔斯大叔，这是怎么回事啊？手帕都没有湿，而且杯子里面的水只上升一小截的高度，就再也不继续上升了！这是为什么啊？"

查尔斯大叔解释说："这是因为水杯里面的空气在作怪！当你把倒扣的水杯垂直放入水中时，里面的空气就会对进入杯子里的水有一个阻挡力。这样，水上升到一定高度就无法再继续上升了，自然也就碰触不到杯子里面的手帕了，手帕也就不会湿了。"

为什么人在水中要靠氧气瓶呼吸

人在进入水中后，几乎不能呼吸，只能靠氧气瓶，这是为什么呢？原来，虽然水中会因为水中植物的光合作用含有一部分氧气，但人是用肺部呼吸的，而肺部只能与空气中的氧气直接进行交换，无法像鱼类的鳃那样能提取出溶解于水中的氧气。因此对于人来说，到了水里只能靠氧气瓶呼吸。

皮特："威廉，你怎么拿着一条湿漉漉的手帕？你要做什么？"

威廉："我本想再重复一下实验，可是失败了啊！"

皮特："呵呵，你是不是把杯子斜着放进去的。"

威廉："你怎么知道的？"

皮特："因为我刚才也弄湿了一条手帕。"

神秘的"肥皂泡"

你需要准备的材料：

☆ 一根铁丝
☆ 一块肥皂
☆ 适量水
☆ 一个盆

◎ 实验开始：

1. 用铁丝做成一个立方体，最好在一条边上留出一个手把，这样方便观察；
2. 用肥皂调成肥皂水；
3. 将你做好的立方体放入肥皂水中，然后拿出来，你在立方体上看到了什么？如果改变立方体的结构，又会发生什么变化呢？

◎ **有趣的发现：**

把立方体浸入肥皂水中，再拿出来，就能看到铁丝上有肥皂泡形成的平面，若是改变立方体的结构，这些肥皂泡也会跟着变化。

艾米丽看着这些肥皂泡，赞叹到："哇，好漂亮啊！查尔斯大叔，这些肥皂泡怎么不破呢？"

查尔斯大叔解释说："这些铁丝上的肥皂泡之所以不会破，就是因为附着在铁丝表面的时候，为了尽可能地减少能量的消耗，这些泡泡的表面积会缩小，也就是能量消耗最少的时候，它的面积最小。"

美丽的肥皂泡

之所以会有美丽的肥皂泡,也和水的表面张力有关。在吹泡泡的时候,泡泡之所以不会破,就是因为受到表面张力的作用,这时在肥皂溶液中,分子与分子之间的牵引力更大,但是,泡泡的大小是有一定的,若是泡泡太大,超过了分子之间牵引力所承受的,那么就容易破裂。

艾米丽在用肥皂水吹泡泡,威廉走过去,看到艾米丽的肥皂水已经没有多少了,说:"艾米丽,我帮你再弄一些水吧,你的肥皂水都快没有了。"

艾米丽:"好呀!谢谢你威廉,弄好了咱们一起玩。"

威廉灌好水后,试着吹泡泡,可是怎么也吹不出来:"艾米丽,我怎么吹不出泡泡来了啊?"

艾米丽看了看威廉手中的肥皂水,说:"威廉,你是不是直接加的水,没有加肥皂?"

威廉:"已经是肥皂水了,还用加肥皂做什么?"

玻璃上的"美丽冰花"

你需要准备的材料：

☆ 一杯热水
☆ 一块玻璃
☆ 冰箱

◎ 实验开始：

1. 将玻璃放在热水上，直到玻璃上粘上水汽为止；
2. 马上将粘上水汽的玻璃放入冰箱的冷冻室中，几分钟之后取出；
3. 当你把玻璃从冰箱中取出后，观察玻璃，你发现了什么？

◎ **有趣的发现：**

当你把玻璃片从冰箱取出来后，你就会发现，玻璃片上结了一层冰。

"咦？怎么会这样呢？这玻璃上怎么还开花了呢？"威廉看着玻璃上的冰花不解地问。

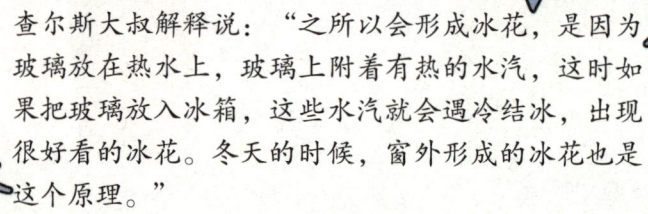

查尔斯大叔解释说："之所以会形成冰花，是因为玻璃放在热水上，玻璃上附着有热的水汽，这时如果把玻璃放入冰箱，这些水汽就会遇冷结冰，出现很好看的冰花。冬天的时候，窗外形成的冰花也是这个原理。"

冬天里的冰花

在寒冷的冬天，窗户的玻璃上经常会出现冰花，这主要是因为室内外温差过大造成的，由于室内温度较高，让玻璃上沾满了水蒸气，但是玻璃的另一面却是冰冷的，这就让水蒸气直接凝华成为固体，成为冰花。而且，在自然界中，冰花是一种美丽的结晶体，在飘落的过程中不断和其他的冰花凝结，形成了雪片。

威廉："啊！艾米丽，这也太奇怪了，为什么查尔斯大叔冻出来的冰花这么好看，我的却是这个样子？"

艾米丽看了看威廉手中拿着一坨不能算是冰花的东西，说："威廉，你是不是在玻璃上泼水了？"

威廉："是啊！我想这样冻出来的冰花应该更大一些，可是没想到却成了这样。"

艾米丽无语中……

"漂在水上"的火焰

你需要准备的材料：

☆ 一根蜡烛
☆ 一枚硬币
☆ 一个玻璃杯
☆ 一盒火柴
☆ 适量水

◎ 实验开始：

1. 先将蜡烛粘在硬币上，然后将它们都放入玻璃杯中；
2. 往玻璃杯中灌水，直到与蜡烛一样高为止。

◎ **有趣的发现：**

点燃蜡烛后，蜡烛并没有熄灭，而是燃烧起来，看起来就像水中飘着火焰一样。

看到这一现象，皮特兴奋地叫起来："啊！水火居然共存了！查尔斯大叔，这到底是怎么回事啊？难道火不怕水吗？"

查尔斯大叔解释道："火当然是怕水的，但是在这个试验中，蜡烛在水里有它的'小武器'。你可以看一看，水面上飘着一层蜡油，就是因为这些蜡油，才让火焰避免了被水熄灭。由于蜡的密度比水要小，所以蜡油会漂在水面上，当蜡烛在燃烧的时候，蜡油就会逐渐形成一道隔水层，这样灯芯就不会熄灭，于是就出现了这一现象。"

水与火

常言道：水火不相容。这主要是因为，燃烧有三个条件：一个是可燃物，一个是助燃物，还有就是温度要达到着火点，三者缺一不可。而助燃物就是空气，但是，通过上面的叙述，空气难溶于水，所以，当火碰到水的时候就会熄灭，因为水毁掉了燃烧的一个必要条件。

威廉："皮特，快来帮帮我，我怎么都点不着这个蜡烛。"

皮特："我来试一试。"

皮特本想去点蜡烛，可是威廉居然把蜡烛放在了水里，只把灯芯留在了外面。

皮特："威廉，你确定想要把蜡烛点燃吗？"

威廉："是啊！不是说蜡烛可以在水里点燃吗？"

皮特："那也不能把蜡烛全部放进水里啊！"

会"走"的杯子

你需要准备的材料：
- ☆ 一个玻璃杯
- ☆ 一块玻璃板
- ☆ 一支蜡烛
- ☆ 两本书
- ☆ 一根火柴
- ☆ 适量水

◎ 实验开始：

1. 先将玻璃板在水中浸泡，然后放在桌子上，一边用书垫起来，大约5厘米的高度，让玻璃板成为一个斜坡；
2. 将玻璃杯的杯口沾一些水，然后倒扣在玻璃板上；
3. 把蜡烛点燃，用蜡烛烧玻璃杯的底部，你发现了什么现象？

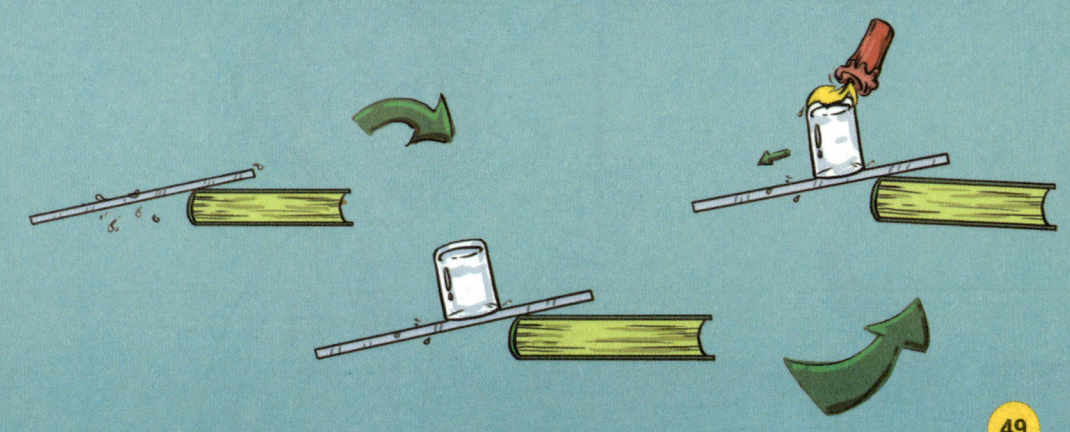

◎ **有趣的发现：**

当你用蜡烛烧玻璃杯底部的时候，你会发现，玻璃杯居然开始慢慢地向下移动。

"快看，快看！玻璃杯会自己'动'了！"威廉大声说。

看到这一现象，皮特也不禁惊叹："杯子真的自己移动了！太神奇了！查尔斯大叔，这是怎么回事啊？"

查尔斯大叔解释说："杯子之所以会自己移动，是因为蜡烛烧杯子底部的时候，杯子内部的空气会因为加热而开始膨胀，开始往外挤压，但是，由于杯子是倒扣着的，而且杯口和玻璃板上都沾有水，里面的空气都被水封闭起来了。所以，杯子里的空气要想跑出来，只能把杯子顶起来一点，这样，杯子就会因为重力的作用开始往下滑，你就看到了'移动'的杯子。"

饮水不健康的危害

喝水也是一门学问，而且，很多疾病都是因为水质不良导致的，所以，在日常生活中，时间超过三天的桶装水或瓶装水一定不能多喝，这会导致人体细胞新陈代谢减慢，影响人体的生长发育，加速人体衰老。

皮特："威廉，你说要是再重一点的东西，还能自己在玻璃上'走'吗？"

威廉："不知道！要不，咱们试一试？"

皮特："好啊！拿什么试啊？"

威廉："其实，我早就想用这个东西来试一试了！"

只见威廉从书包里拿出了一块砖头。皮特顿时一脸无奈的表情。

"不湿手"的水

你需要准备的材料：

☆ 一杯水

☆ 一袋胡椒粉

◎ 实验开始：

1. 将杯子灌满水，并往水里撒上胡椒粉，让胡椒粉覆盖住水面；
2. 用手指快速地触碰水面，你发现了什么？

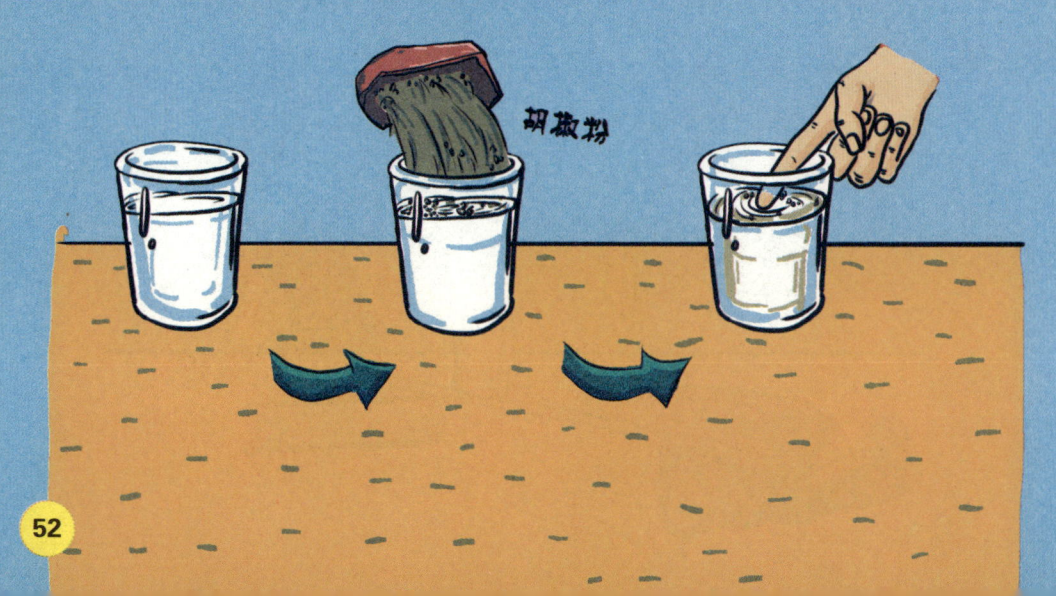

◎ 有趣的发现：

当你用手指接触水面的时候，会发现自己的手指居然没有被水打湿。

威廉一边碰着水面，一边问："怎么回事？手指为什么不会湿啊？查尔斯大叔，这也太神奇了！"

查尔斯大叔解释说："你的手指之所以不会被水打湿，就是因为胡椒粉。当你往水面上撒上胡椒粉后，会增强水的表面张力，水分子会紧紧地粘在一起，在水面上形成一层水膜，这时，当你的手去触碰水面的时候，就不会被水打湿。"

水的张力

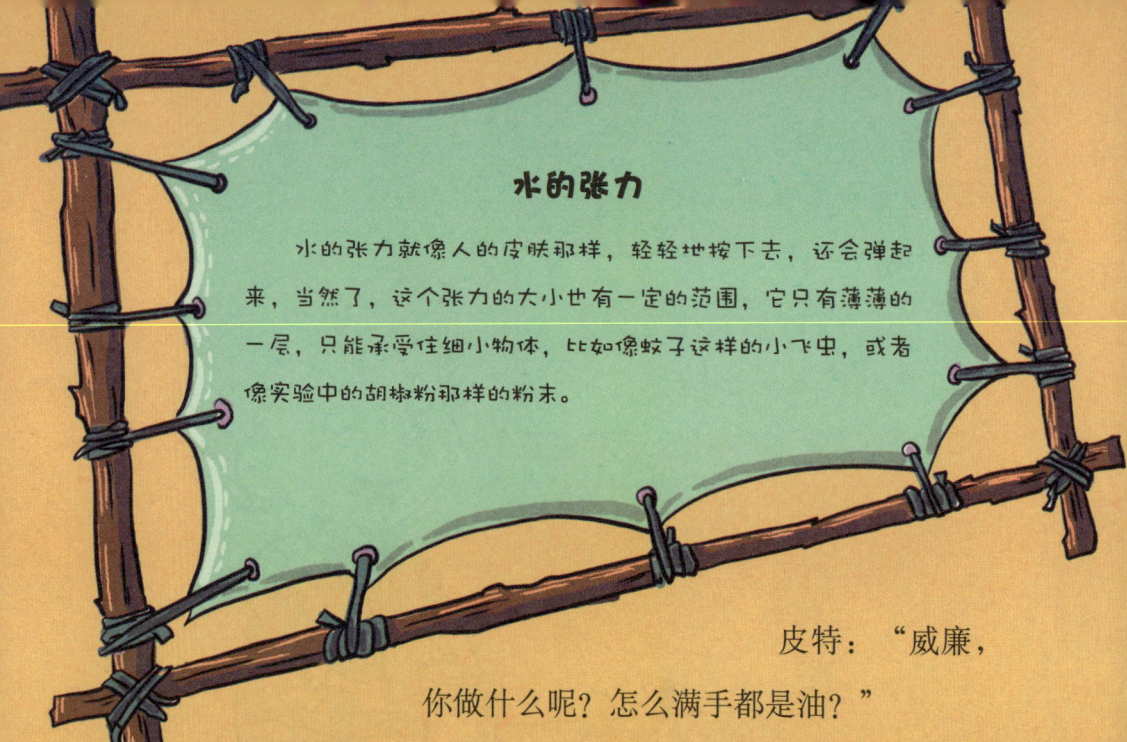

水的张力就像人的皮肤那样，轻轻地按下去，还会弹起来，当然了，这个张力的大小也有一定的范围，它只有薄薄的一层，只能承受住细小物体，比如像蚊子这样的小飞虫，或者像实验中的胡椒粉那样的粉末。

皮特："威廉，你做什么呢？怎么满手都是油？"

威廉："我本来想尝试一下，看看要是油在水面上手会不会被弄湿。"

皮特："结果呢？"

威廉："结果的确没湿，就是弄了一手的油。"

蒸汽"托起"小水滴

你需要准备的材料：

☆ 一个平底锅

☆ 适量水

◎ **实验开始：**

1. 将平底锅放在火上加热；
2. 向平底锅里滴上几滴水，在水蒸发的过程中，你发现了什么？

◎ **有趣的发现：**

当刚把水滴入热锅中，水滴都会一直漂浮在锅底，而且不停地滚动，最后水滴逐渐蒸发。

"咦？这水滴为什么一直都是小水滴状呢？"艾米丽不解地问。

查尔斯大叔解释说："这是因为蒸发所产生的压力的原因。当水滴接触到已经很热的平底锅时，水滴底部的水分就已经开始蒸发了，因为蒸发所产生的压力会将水滴托起来，这样，你就看到了一直浮在锅底的水滴。"

蒸 发

蒸发是物质由液态转化为气态的变化过程。在蒸发的过程中,液体会吸收周围的热量,使周围的物体冷却下来。而影响蒸发快慢的主要因素有温度、湿度、液体的表面积、液体表面上方的空气流动的速度等。

艾米丽:"威廉,这么热的天气,你站在太阳底下做什么?"

威廉:"咦?你还能看见我啊?"

艾米丽:"我为什么看不见你呢?"

威廉:"我都站在太阳底下那么长时间了,我还以为自己已经蒸发了呢!"

艾米丽:"……"

水往高处"爬"

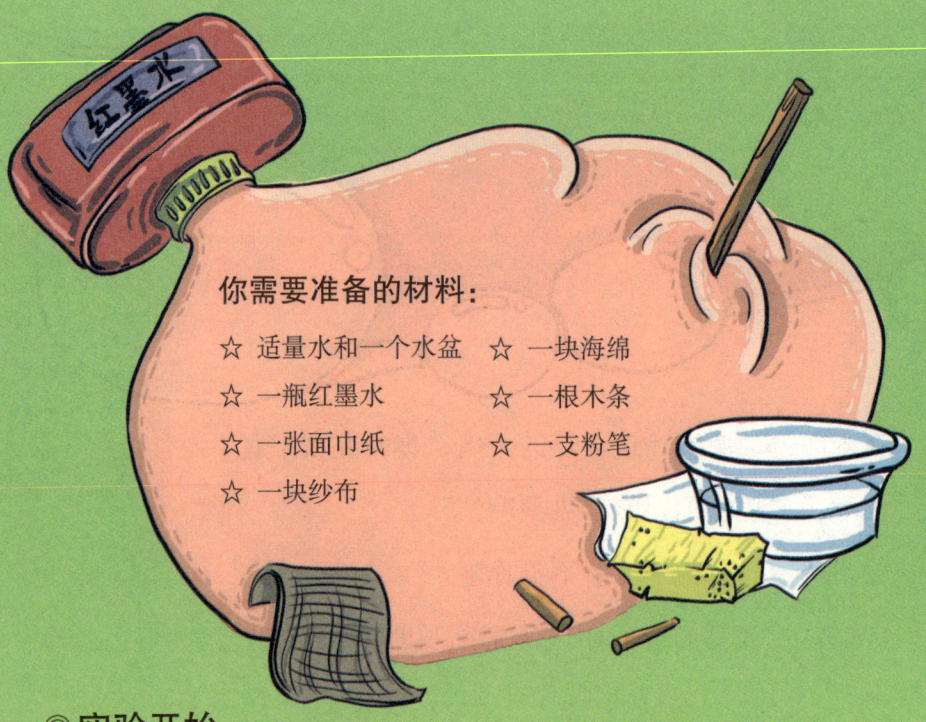

你需要准备的材料：

☆ 适量水和一个水盆　　☆ 一块海绵
☆ 一瓶红墨水　　　　　☆ 一根木条
☆ 一张面巾纸　　　　　☆ 一支粉笔
☆ 一块纱布

◎ **实验开始：**

1. 在水盆里盛半盆清水，滴入红墨水，整盆清水呈现浅红色；
2. 将面巾纸、纱布、海绵、木条、粉笔的一端放入水中，轻轻向上提，发现了什么？

◎**有趣的发现：**

红墨水沿着面巾纸、纱布、海绵、木条、粉笔向上浸润，其中在面巾纸上上升的速度最快。

威廉好奇地问："太神奇了，为什么会这样呢？"

查尔斯大叔拿起面巾纸说："小家伙们，秘密在这里，你们仔细看这张纸上有很多小孔隙，当它们的一部分浸到水中，水就会沿着孔隙上升。"

毛细现象

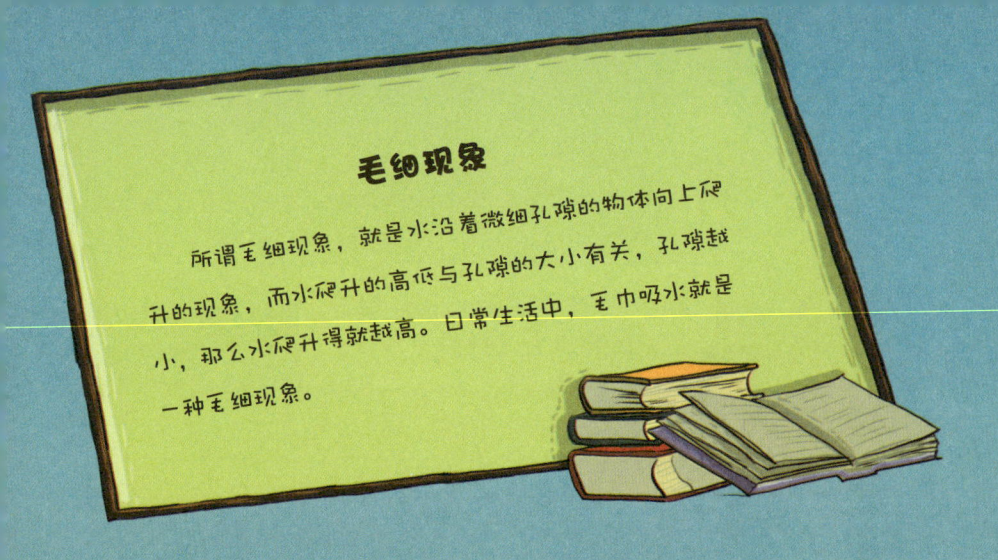

所谓毛细现象，就是水沿着微细孔隙的物体向上爬升的现象，而水爬升的高低与孔隙的大小有关，孔隙越小，那么水爬升得就越高。日常生活中，毛巾吸水就是一种毛细现象。

威廉："查尔斯大叔，我们生活中是不是有好多毛细现象？"

查尔斯大叔："小家伙们给叔叔说说，生活中哪些现象说明'水往高处爬'！"

艾米丽："比如平时洗脸的时候，把干的毛巾放入水中，毛巾会慢慢地向上变湿。"

皮特："写作业时墨水不小心滴在本子上，用粉笔'吸干'。"

查尔斯大叔："威廉，该你了！"

威廉揉揉脑袋："自来水龙头流水……不对啊，真讨厌，不跟你们玩了！"

"水"、"酒"拔河赛

你需要准备的材料：

☆ 一个乳白色底的瓷盆
☆ 适量水
☆ 一瓶蓝墨水
☆ 一支滴管
☆ 一瓶酒精
☆ 一个塑料杯

◎ 实验开始：

1. 往塑料杯中装入半杯清水，并滴入几滴蓝墨水，让杯中的水变成淡蓝色；
2. 将这半杯淡蓝色的水倒入乳白色底的瓷盆中；
3. 用滴管取少量的酒精，滴入瓷盆的中心位置，你会发现什么呢？

◎ **有趣的发现：**

当你把酒精滴入瓷盆后，你就会发现，酒精和水之间有一条十分明显的界线，就像拔河一样，酒精向里拉，而淡蓝色的水则向外拉。

皮特问："查尔斯大叔，为什么会出现这种现象呢？"

查尔斯大叔解释说："这主要是因为当酒精滴入水里后，破坏了水的张力。前面已经说过了，水是具有张力的，在没有滴入酒精之前，水面上的张力在各个方面都是相等的，但是，当酒精介入后，就会破坏水中相等的张力。由于水的表面张力比酒精要大，所以水就会从各个方面把酒精拉走。这样，你就会看到盆底露出一块既没有水也没有酒精的部分，就好像水和酒精在拔河一样。"

液体的表面张力

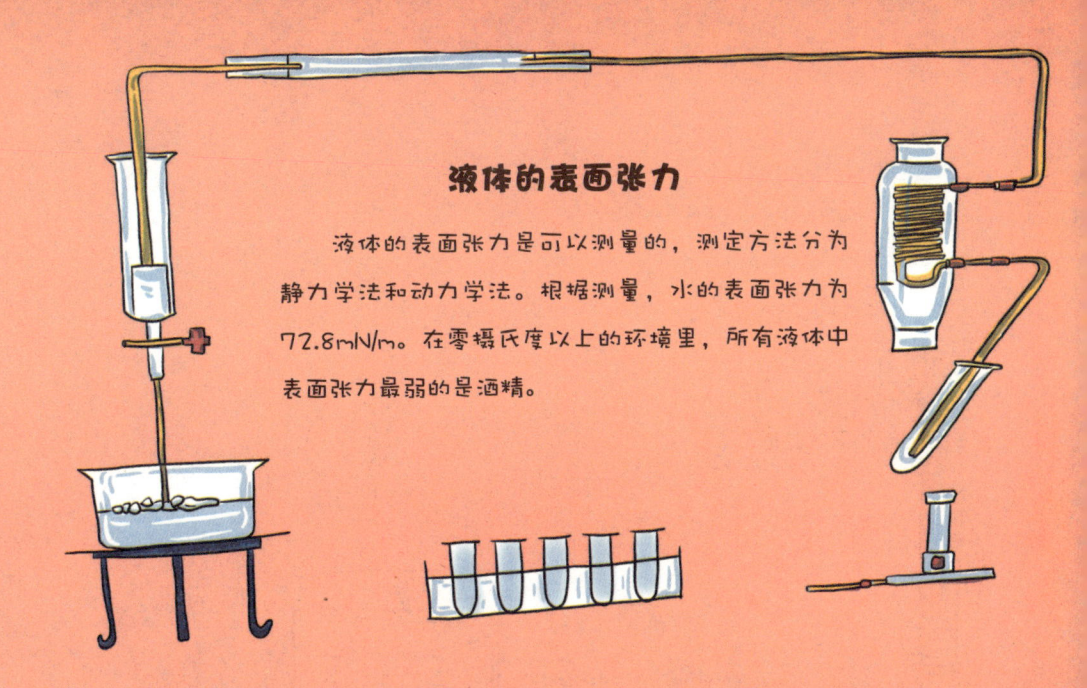

液体的表面张力是可以测量的，测定方法分为静力学法和动力学法。根据测量，水的表面张力为72.8mN/m。在零摄氏度以上的环境里，所有液体中表面张力最弱的是酒精。

艾米丽："哪里飘来的酒味？皮特、威廉，你们在做什么？"

威廉："我们在做新的实验。"

皮特："是的，我们想看看，如果水在酒精里面会不会也拔河！"

艾米丽："你们又把查尔斯大叔的酒拿来用了吧？"

把水拧成"绳"

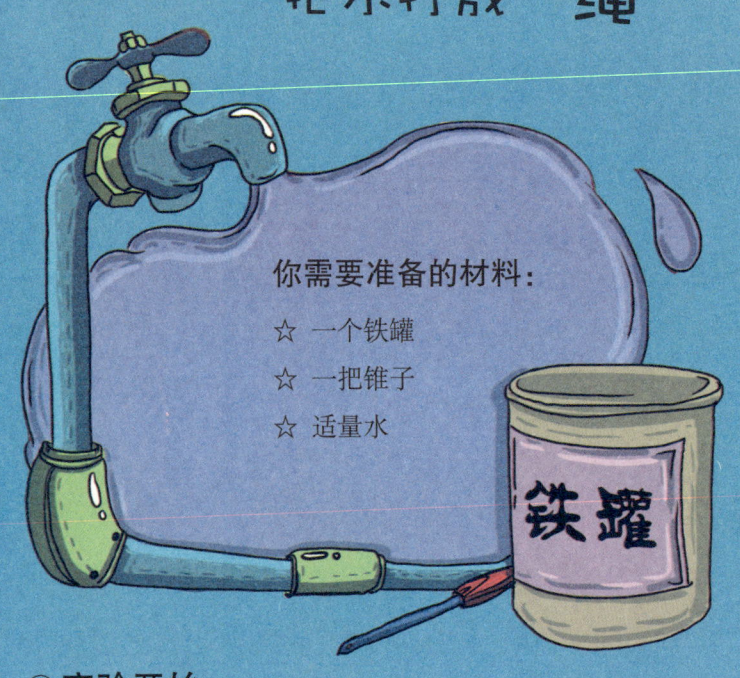

你需要准备的材料:

☆ 一个铁罐
☆ 一把锥子
☆ 适量水

◎ 实验开始:

1. 用锥子在铁罐的底部钻5个小孔,每个小孔之间间隔5毫米左右;
2. 往铁罐中灌水时,水就会顺着罐底的5个小孔往下流,形成5股水流;
3. 用大拇指和食指将这些水流捻合在一起,你发现了什么?

◎**有趣的发现：**

当你用大拇指和食指接触铁罐底部时，这5股水流就会变成一股更大的水流下来。

"咦？难道这些水真的被拧成'绳子'了吗？"威廉看到这一现象后，不解地问。

查尔斯大叔说："当然不是，其实这是水的张力在作怪。当你用手接触到铁管底部的这些小孔后，就会破坏原来各个小孔的水的张力，让这些小孔的水汇成一股流出来。如果手再远离铁盒底部的这些小孔时，你会发现，水又会分为5股流出来。"

神奇的表面张力

力是有方向的，比如重力就垂直于地面，但是表面张力的方向则与液面相切，并与物质的界面相垂直。如果液面是平面，那么表面张力就在这个平面的切面上。若液面是曲面，那么，表面张力就在这个曲面的切面上。

皮特："威廉，你不会又用油来做实验吧？"

威廉："是的！我想看看油能不能像水一样，也拧成'绳'。"

皮特："你得到结果了吗？"

威廉："没有！感觉手黏糊糊的，这个实验我做不下去了。"

"贪吃"的牙签

你需要准备的材料：

☆ 若干牙签
☆ 适量清水
☆ 一个盆
☆ 一块肥皂
☆ 若干糖

◎ 实验开始：

1. 往盆中灌水，水的高度大约在盆高的二分之一处即可；

2. 将牙签小心地放进水里，然后把准备好的方糖，放在水里离牙签较远的地方，观察牙签的变化；

3. 换一盆水，小心地将牙签放在水面上，把肥皂放入水盆中离牙签较近的地方，观察牙签的变化。

◎**有趣的发现：**

当水中放入方糖的时候，牙签会向方糖的方向移动；而当盆中放入肥皂后，即使离牙签很近，牙签也没有向肥皂的方向移动。就好像牙签知道哪个东西好吃一样。

威廉看着移动的牙签，不禁笑着说："原来牙签也和我一样喜欢吃糖啊！哈哈！"

查尔斯大叔说："牙签当然不是因为贪吃，才'追'着糖去的。牙签之所以会往方糖的方向移动，是因为方糖在进入水中后，会吸收一部分水，让平静的水面上产生很小的水流，因此牙签才会跟着移动。而当肥皂进入水盆中时，会打破水的表面张力，有肥皂的液体表面张力比没有肥皂的液体表面张力要弱，所以，牙签没有被'拽'到肥皂的地方。"

肥皂与水

肥皂是由油脂、蜡、松香或脂肪酸等与碱类物质发生皂化反应或中和反应所得到的物质。通常情况下,肥皂中都会含有大量的水分,并且,肥皂是一种溶于水的物质。

皮特和艾米丽打算再做一次实验,威廉在一旁说:"别用牙签做实验了。"

艾米丽:"那用什么啊?"

威廉:"用我吧!我比牙签对糖更敏感!"

皮特、艾米丽:"……"

水也能当"放大镜"

你需要准备的材料：

☆ 适量水
☆ 一卷保鲜膜
☆ 一个大碗
☆ 若干彩色的珠子

◎ 实验开始：

1. 将彩色的珠子放入大碗，并用保鲜膜封住碗口；
2. 用手轻轻地把碗口的保鲜膜往下按，让保鲜膜变成倒锥形；
3. 把水倒在保鲜膜上，通过水来观察碗里的物体，你发现了什么？

◎有趣的发现：

当你透过水往碗里看时，你会发现水就像放大镜一样，碗里的彩色珠子竟然变大了很多。

皮特边看边说："快来看啊！这个彩色的珠子变大了！原来水这么神奇啊！居然还能当放大镜！"

查尔斯大叔解释说："碗里的彩色珠子之所以会变大，确实是水的'功劳'，当然，也离不开咱们用保鲜膜做的倒锥形。水和呈倒锥形的保鲜膜构成一个'凸透镜'，也就是放大镜，当你透过这个凸透镜观察时，碗里的物体自然就会'变大'了。"

凸透镜

凸透镜其实就是放大镜，它是根据光的折射原理制成的。所谓凸透镜，就是中间较厚、两边较薄的透镜，凸透镜具有将物体放大的功能。虽然人眼睛的构造就相当于是一个凸透镜，但是，人的眼睛却不能将物体放大。

皮特："威廉，在想什么呢？"

威廉："我在想怎么把水放在凸着的薄膜上。"

皮特："这怎么可能！除非把水粘在凸着的薄膜下边。"

威廉："对哦！可是我怎么才能把水粘住呢？"

皮特："……"

"不怕冷"的眼镜

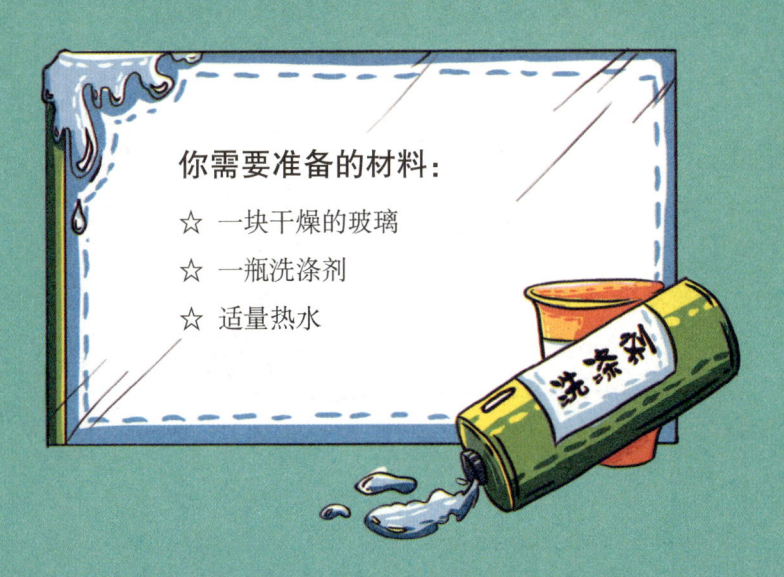

你需要准备的材料：

☆ 一块干燥的玻璃

☆ 一瓶洗涤剂

☆ 适量热水

◎ 实验开始：

1. 将洗涤剂涂抹在干燥的玻璃上，只涂抹玻璃的一面；

2. 将涂抹洗涤剂的那一面朝下，放在热水上，几分钟后，你发现了什么？

◎**有趣的发现：**

过了几分钟后，涂抹洗涤剂的一面玻璃上没有出现水雾，而没有涂抹的另一面已经布满了水雾。

"嗯？这个是怎么回事？难道洗涤剂还能防雾吗？"威廉不解地问。

查尔斯大叔解释说："洗涤剂确实具有这个功能。当玻璃片遇到水蒸气后，水蒸气遇冷就会形成小水珠，小水珠在水表面张力的作用下，就会形成球形或者半球形，当遇到光线照射时，看上去就是雾蒙蒙的。而涂上了洗涤剂之后，洗涤剂就会降低水的表面张力，使得水蒸气无法在玻璃上形成水珠，而是形成一层水膜，这样你就会看到涂有洗涤剂的玻璃面没有水珠的现象。"

水蒸气

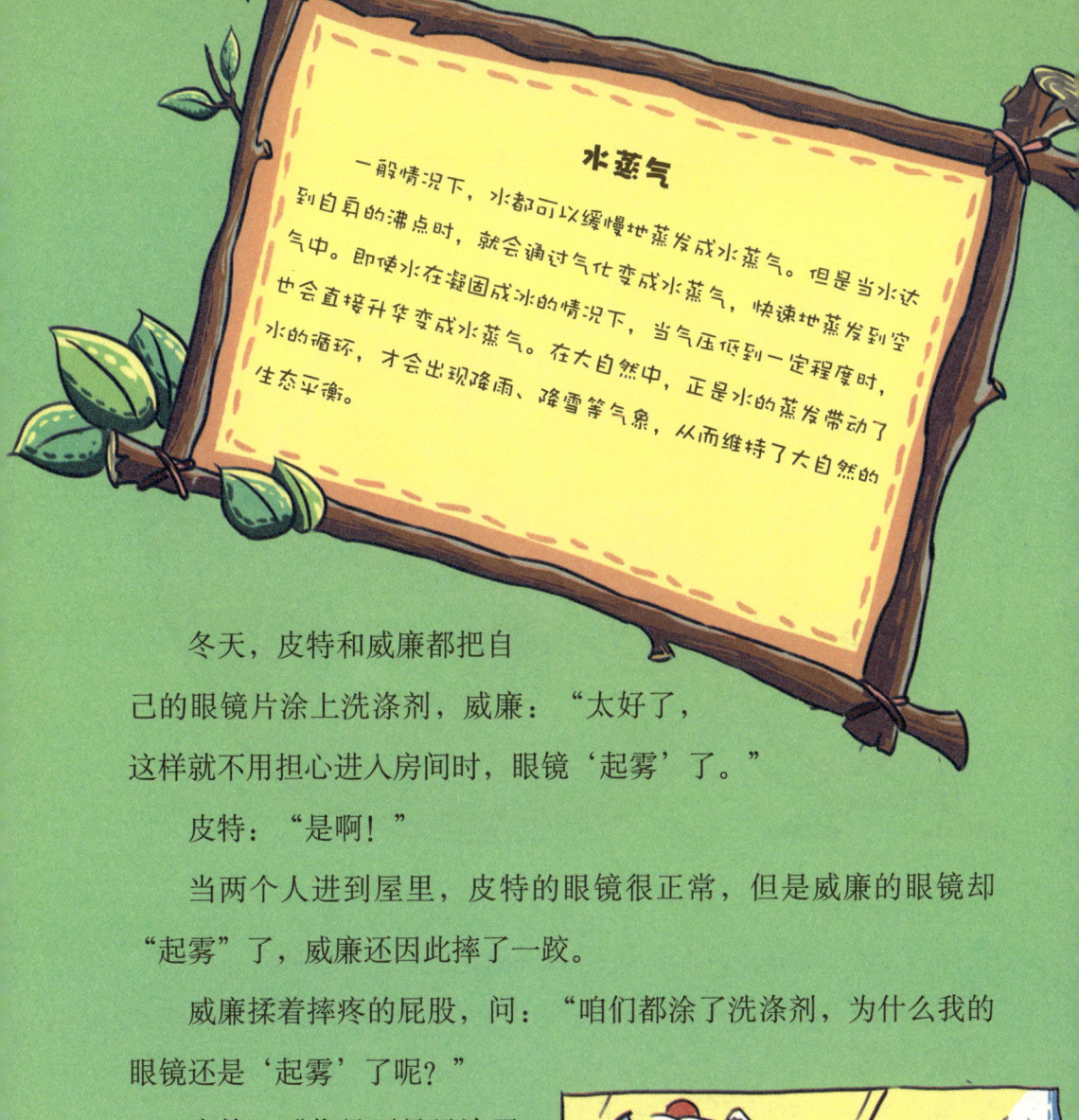

一般情况下，水都可以缓慢地蒸发成水蒸气。但是当水达到自身的沸点时，就会通过气化变成水蒸气，快速地蒸发到空气中。即使水在凝固成冰的情况下，当气压低到一定程度时，也会直接升华变成水蒸气。在大自然中，正是水的蒸发带动了水的循环，才会出现降雨、降雪等气象，从而维持了大自然的生态平衡。

冬天，皮特和威廉都把自己的眼镜片涂上洗涤剂，威廉："太好了，这样就不用担心进入房间时，眼镜'起雾'了。"

皮特："是啊！"

当两个人进到屋里，皮特的眼镜很正常，但是威廉的眼镜却"起雾"了，威廉还因此摔了一跤。

威廉揉着摔疼的屁股，问："咱们都涂了洗涤剂，为什么我的眼镜还是'起雾'了呢？"

皮特："你是不是只涂了一面的镜片啊？"

威廉："你怎么知道？"

皮特："……"

水中冒"青烟"

你需要准备的材料：

☆ 一个大的广口玻璃瓶
☆ 一个普通的小瓶子
☆ 一瓶蓝墨水
☆ 塑料薄膜
☆ 一捆细线
☆ 一根针

◎ **实验开始：**

1. 将大的广口玻璃瓶中装上水，水深大约在三分之二处即可；

2. 在小瓶子中滴上一些墨水，然后再向小瓶中加入热水，并用塑料薄膜将瓶口封紧；

3. 用两根对称的细线拴住小瓶子，并用针在塑料薄膜上扎两个小孔；

4. 用手提着拴住瓶子的细绳，将小瓶子轻轻地放入大瓶子的瓶底，使水没过小瓶，你看到了什么现象呢？

◎有趣的发现：

当你将小瓶子放入大瓶子的瓶底后，小瓶子口上的小孔就会连续不断地升起蓝色的水珠，就像青烟一样笔直地冲向水面，又在水面四处散开。

看到这一现象，艾米丽惊喜道："哇！太漂亮了！查尔斯大叔，这是什么原理啊？"

查尔斯大叔解释说："其实咱们之前也做过类似的实验，因为小瓶子里的墨水是热的，大瓶子里的水是冷水，热水总是在水面上方，所以当这个热墨水进入冷水中后，就会自己'跑'出来，不断地上升、扩散，而周围的冷水不停地过来补充，从而形成对流。"

水在工业上的作用

水不仅在生活中有着不可替代的作用,在工业上同样具有重要的作用。工矿企业的一系列重要生产环节都需要水的参与,它在制造、加工、冷却、净化、空调、洗涤等各方面都发挥着重要的作用。"水刀"作为一种新型科技成果,在化工、石油、煤炭领域都做出了卓越的贡献。它的原理是利用高压水来对物体进行切割。在现代工业中,"便携式水切割"技术的出现具有划时代的意义。

艾米丽:"威廉,又在做实验啊?"

威廉:"是啊!艾米丽,你来得正好,帮我看看为什么我的喷泉总是喷一下就不喷了呢?"

艾米丽看了看威廉的实验构造,说:"威廉,你是不是一直都用电炉给水加热啊!"

威廉:"是啊!我这样是为了防止水温下降啊!"

艾米丽:"你难道忘了大瓶子里的水也会被加热吗?"

威廉:"哎呀!我给忘了!难怪刚才的水这么烫呢!"

宣纸上的"浮水"印

你需要准备的材料：

☆ 一个脸盆
☆ 一张宣纸
☆ 一双筷子
☆ 若干棉签
☆ 一瓶蓝色墨水
☆ 一桶水

◎ **实验开始：**

1. 往脸盆中倒入半盆水，并用蘸了墨汁的筷子轻轻地触碰一下水面，在水面上就会出现一个蓝色的圆形图案；

2. 拿出棉签，摩擦一端的棉花，然后用这一端轻轻触碰一下水面上蓝色的圆形图案，你会看到什么现象呢；

3. 把宣纸放在水面上，然后慢慢拿起，纸上又会印出什么图案呢？

◎ **有趣的发现：**

用棉签接触水面后，蓝色的圆形图案就会变成一个不规则的图案，当把宣纸放在水面上时，宣纸上就会出现不规则的图案。

威廉看到这些现象，不解地问："查尔斯大叔，这个实验能说明什么呢？"

查尔斯大叔解释说："这其实是一个证明表面张力的实验。当棉签接触到水面的图案后，墨汁就会被扩展成一个不规则的圆圈图形，这是因为当你用手摩擦棉签一头的棉花时，棉花上粘上了你手上的油渍，这就会影响水分子相互之间的拉引力，导致水印呈现不规则的同心圆图形。"

表面张力的能量

分布在液体表层的分子由于所受的引力并不均衡，因而产生了一种表面张力，这种张力可以沿着物体的表面作用在任何界线上。雾化的水分，表面积随之扩大了，其内部更多的水分子就会移动到表面。而水分子移动到表面的过程就是克服这种力的过程，因此会产生更多的能量。由此可见，这样的分散体系便于储存更多的表面能。

皮特："威廉，你说要是用普通的纸放在水面上会出现什么图案呢？"

威廉："颜色应该不会很明显吧！"

皮特："我们试试不就知道了？"说着，就从书包里掏出一张纸，放到水面上了。

威廉迅速捡起那张纸，无奈地说："这是你的试卷！"

水下吐"烟圈"

你需要准备的材料：
- ☆ 一个空的眼药水瓶
- ☆ 适量水
- ☆ 一瓶蓝墨水
- ☆ 一个脸盆

◎ 实验开始：

1. 向空的眼药水瓶中加入水，并滴上几滴蓝色的墨水；

2. 用左手拿稳眼药水瓶，把尖口伸进脸盆的水中，不要移动，直到水盆中的水静止不动为止；

3. 用右手快速地按一下眼药水瓶的盖子，但不要移动眼药水瓶，你发现了什么？

◎ **有趣的发现：**

当挤压眼药水瓶的橡皮帽时，在水中就会出现一个美丽的蓝色"烟圈"，并在水中"游"动，不断地挤压橡皮帽，就会连续出现这样的"烟圈"。

威廉开心地叫道："真漂亮！太神奇了！查尔斯大叔，这是怎么回事啊？"

查尔斯大叔解释说："之所以会在水中出现这种现象，是因为水下的这个'烟圈'没有受到冷热空气对流的干扰，所以，这个"烟圈"要比在空气中吐出来的更加持久。当然了'烟圈'是气流漩涡的一种形式，任何一种流体从小孔内高速地喷射出来时，都会形成一个像'烟圈'一样的漩涡，所以，你们才会看到水下'烟圈'的现象。"

漩涡是怎样产生的

当水湍急地流向低洼地带时，就会形成一个螺旋形的水涡。而形成漩涡最主要的原因就是地转偏向力，因为地球的自转产生了地转偏向力，虽然人类无法感受到这个力，但是当水流动的时候就会受到地转偏向力的影响。

皮特："威廉，你手里拿的瓶子好漂亮啊！居然是个心形的，打算用来做什么啊？"

威廉："我要用它在水里吐一个心形的'烟圈'。"

皮特："好主意！可是我看这个瓶子怎么这么眼熟啊！威廉，你是从哪里找到这么漂亮的瓶子啊？"

威廉："从艾米丽那里啊！"

皮特："啊！我想起来了，这是艾米丽最喜欢的那瓶香水。威廉，你把艾米丽的香水弄哪里去了？"

威廉："放心，里面的香水已经被艾米丽用完了。"

被"囚禁"的水泡

你需要准备的材料：
- ☆ 一个罐头瓶盖
- ☆ 一把锥子
- ☆ 一个水盆
- ☆ 一桶水

◎ **实验开始：**

1. 用锥子在罐头瓶盖的中心钻出一个直径为4毫米的小孔；

2. 把水盆灌满水，把瓶盖放入水中；

3. 用手将瓶盖慢慢垂直提起，提到约10厘米高的时候，从小孔中流出来的水柱开始在水中激起水泡；

4. 马上放低瓶盖，你发现了什么？

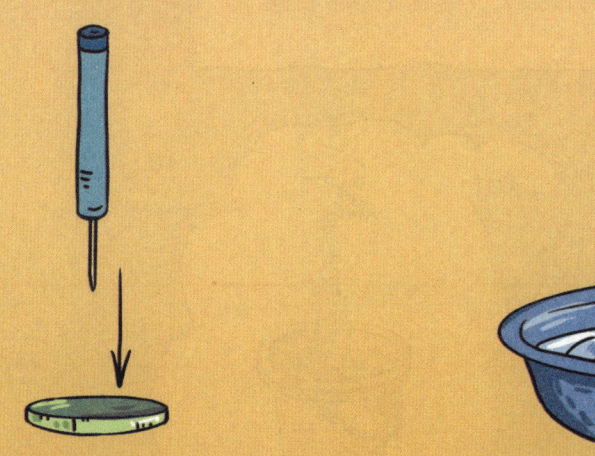

◎ **有趣的发现：**

把瓶盖放低之后，刚才还不断被水柱激起的水泡，无法在水中升起来，都老老实实地待在了水下，并不断地向周围扩散。

皮特："查尔斯大叔，这是怎么回事啊？为什么这些气泡这么'听话'呢？"

查尔斯大叔解释说："气泡之所以会这么'听话'，是因为水的冲击力抵消了水泡的浮力。"

艾米丽听到查尔斯大叔的解释后，又接着问："那为什么这些水泡不会被水冲散呢？"

查尔斯大叔继续解释说："这主要是因为水柱在冲击水时是有速度的，根据流动液体速度大、压强小的原理，周围静止水的压强就会比水柱底下的压强大，这就把水泡压在了水柱底下。"

水中的压力

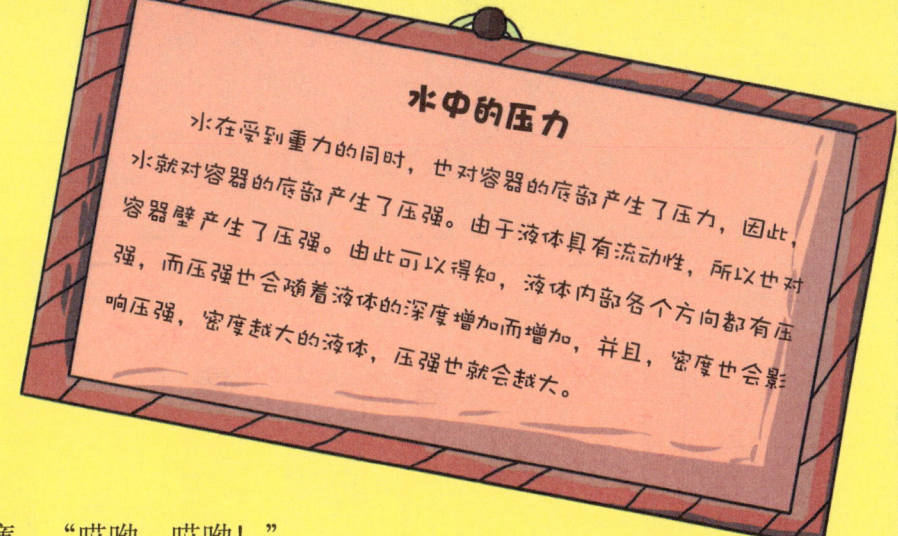

水在受到重力的同时，也对容器的底部产生了压力，因此，水就对容器的底部产生了压强。由于液体具有流动性，所以也对容器壁产生了压强。由此可以得知，液体内部各个方向都有压强，而压强也会随着液体的深度增加而增加，并且，密度也会影响压强，密度越大的液体，压强也就会越大。

威廉："哎呦，哎呦！"

艾米丽："威廉，你怎么了？你怎么把手放在水里啊？是不是烫着了？"

威廉："没有，手没被烫着，就是水的压力压得我的手好疼啊！"

艾米丽："……"

美丽的"水塔"

你需要准备的材料：

☆ 一瓶甘油
☆ 一瓶糖稀
☆ 一瓶葡萄汁
☆ 一瓶洗涤剂
☆ 一瓶肥皂水
☆ 一瓶酒精
☆ 适量水
☆ 适量食用油
☆ 一些纸杯
☆ 一个长玻璃杯

◎ **实验开始：**

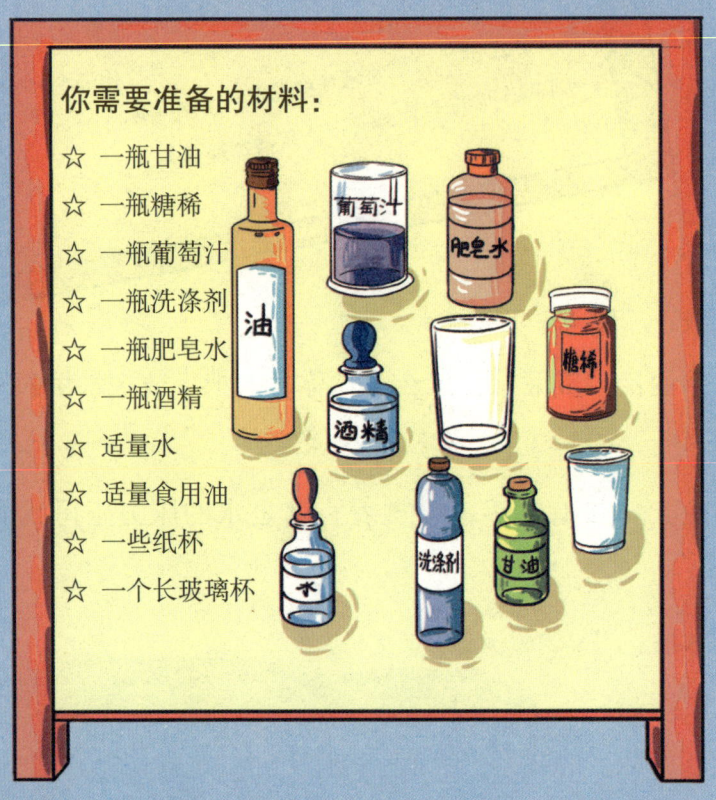

1. 将等量的甘油、葡萄汁、洗涤剂、酒精、糖稀、水、肥皂水、食用油等分别倒入准备好的纸杯中；

2. 按照糖稀-甘油-葡萄汁-洗涤剂-肥皂水-水-食用油-酒精的顺序，将这些液体倒入长玻璃杯中，不要摇动玻璃杯。你看到了什么？

◎ **有趣的发现：**
当将这些溶液按照顺序倒入长玻璃杯后，玻璃杯中就会出现不同的层次，就像美丽的塔一样。

威廉看着这些分层次的液体，好奇地问："查尔斯大叔，这些液体不会混合到一起吗？"

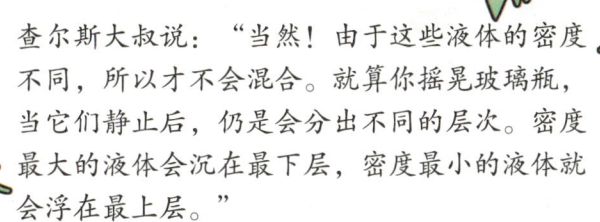

查尔斯大叔说："当然！由于这些液体的密度不同，所以才不会混合。就算你摇晃玻璃瓶，当它们静止后，仍是会分出不同的层次。密度最大的液体会沉在最下层，密度最小的液体就会浮在最上层。"

密 度

密度是用来描述物体在单位体积下的质量，是一个物理量。我们平时所说的"轻""重"，指的就是物体的密度，就像相同体积的两个物体，密度大的物体就"重"，而密度小的物体则"轻"。密度是物体的一种特性，不会随着质量、体积的变化而变化，同一种物质的密度都是相同的。水的密度值为 1000kg/m³，即1g/cm³；它的物理意义是体积为1立方厘米的水的质量为1克。

皮特："威廉，你为什么总是在摇晃那杯水？"

威廉："这里不仅仅是水，还有酒，我就是想看看它们会不会分层次。"

皮特："威廉，难道你又忘记了酒精是溶于水的吗？怎么可能会看到分层呢？你是不是又拿了查尔斯大叔的酒？"

会"游泳"的柠檬

你需要准备的材料：
- ☆ 一个柠檬
- ☆ 一个盆
- ☆ 一桶水
- ☆ 一把水果刀

◎ 实验开始：

1. 将盆子中放入水，并把柠檬放入盆中，让它漂浮在水面上；
2. 用水果刀将柠檬的皮削掉，再将它放入水中，你发现了什么？

◎ 有趣的发现：

将柠檬皮削掉后，再放入水中，柠檬居然沉入了水底。

艾米丽看到这一现象不解地问："咦？好奇怪！为什么柠檬的重量减轻了，反而会沉到水里了呢？"

查尔斯大叔说："这是因为柠檬皮在作怪。相信你们都认为把柠檬皮削掉后，柠檬重量减轻就应浮在水面上，可正是因为柠檬皮的缘故，柠檬才不会沉入水底，因为柠檬皮上有很多布满空气的小孔。若是把柠檬皮削掉，柠檬就会掉入水中。"

浮 力

液体的属性之一就是具有浮力，它是根据液体的自身特点而形成的，不会受到其他因素的影响，而压力是产生浮力的主要原因。

艾米丽："威廉，你拿我的苹果在做什么？"

威廉："别着急，我会还给你的，我只不过想看看，苹果在削皮前和削皮后，是不是会浮在水面上。"

艾米丽抢过苹果："我直接告诉你好了，苹果不管怎样都会沉下去的。"

威廉："为什么？"

艾米丽："你没看到柠檬的皮有多厚吗？苹果的皮多薄啊！肯定会沉下去的。你要是真想试一试的话，可以用你的香蕉试一试。"

威廉："香蕉？那我还是不试了，我还想留着自己吃呢！"

"人缘"好的洗涤剂

你需要准备的材料：
- ☆ 一瓶洗涤剂
- ☆ 一个玻璃瓶
- ☆ 一杯清水
- ☆ 一瓶食用油

◎ 实验开始：

1．向玻璃瓶中灌入半瓶清水，再加入一些食用油，食用油会漂在水面上；

2．用力摇晃玻璃瓶，让水与食用油混合，静置一会儿，油和水会分为两层；

3．向玻璃瓶中加入一些洗涤剂，摇晃玻璃瓶，再观察玻璃瓶中的溶液，你发现了什么？

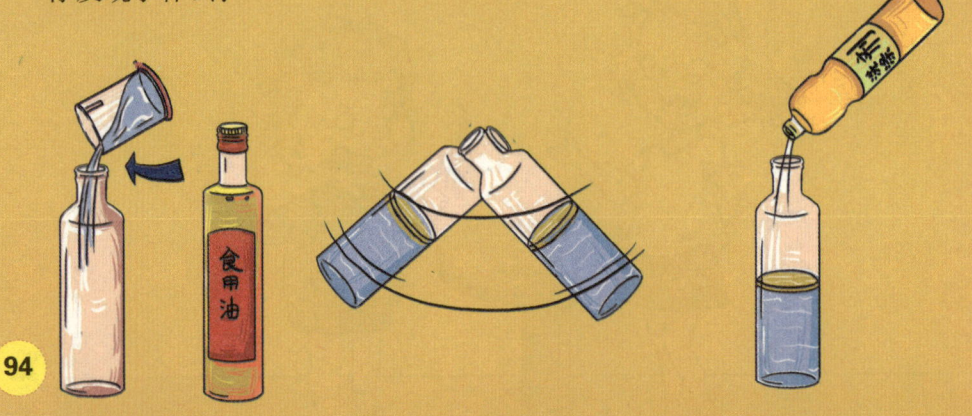

◎ **有趣的发现：**

加入洗涤剂之后再摇晃，分不出水和油，里面的溶液都混合在一起了。

威廉摇晃这个玻璃瓶，说："查尔斯大叔，你是想通过这个实验告诉我们，洗涤剂可以去油吗？"

查尔斯大叔摇了摇头："洗涤剂去油你们肯定都知道，但是你们知道，为什么洗涤剂具有去油的功能吗？"众人都摇摇头。

查尔斯大叔继续说："在洗涤剂中含有一种特殊的物质，这个物质能够包围油滴，并将这些油滴均匀地分布在水中，这个作用就叫作乳化作用，这种情况下的混合溶液叫作乳油液。洗涤剂之所以能够去油，就是因为它与油和水的'关系'都还不错。"

肥皂泡的用途

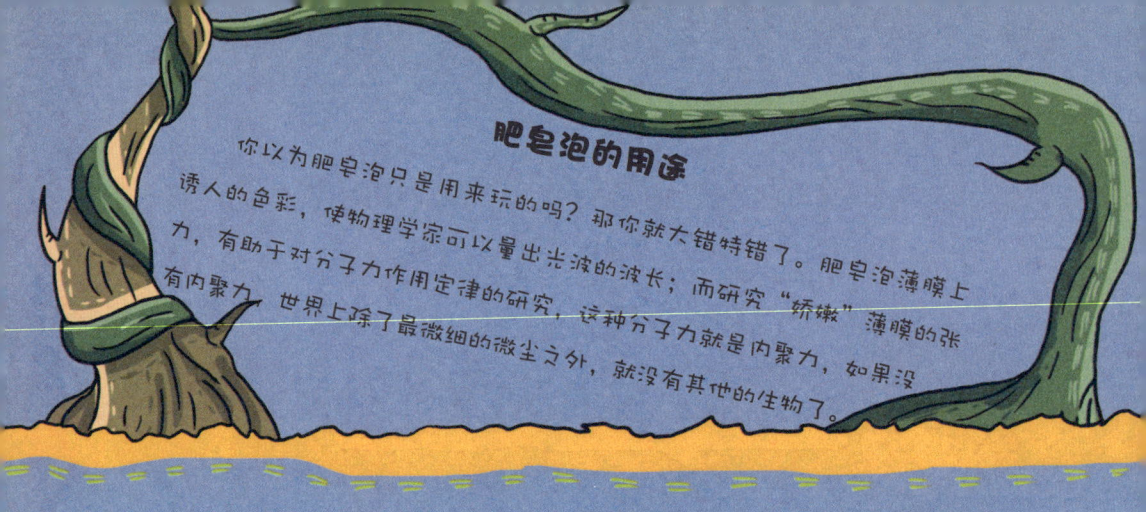

你以为肥皂泡只是用来玩的吗？那你就大错特错了。肥皂泡薄膜上诱人的色彩，使物理学家可以量出光波的波长；而研究"娇嫩"薄膜的张力，有助于对分子力作用定律的研究，这种分子力就是内聚力，如果没有内聚力，世界上除了最微细的微尘之外，就没有其他的生物了。

皮特："威廉，你干了什么？身上怎么这么脏？还蹭上了好多的油！快脱下来洗一洗吧。"

威廉："不用着急，反正洗涤剂能把这些污渍洗干净，我可以再穿一会儿。"

皮特："威廉，虽然洗涤剂能洗掉污渍，但是像你身上这些污渍，如果不赶紧用热水泡一泡的话，相信你这身衣服都洗不干净了。"

会"跳舞"的葡萄干

你需要准备的材料：
- ☆ 一个透明的玻璃杯
- ☆ 一瓶碳酸矿泉水
- ☆ 若干葡萄干

◎ 实验开始：

1. 把葡萄干放入玻璃杯中，并向杯子里倒入半杯碳酸矿泉水；
2. 仔细观察葡萄干有什么变化。

◎ **有趣的发现：**

当向杯子中倒入碳酸矿泉水时，里面的葡萄干就会上蹿下跳，像是"跳舞"一样。

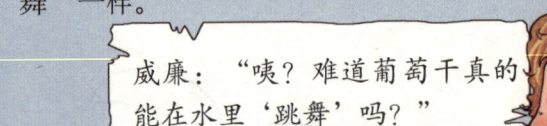

威廉："咦？难道葡萄干真的能在水里'跳舞'吗？"

查尔斯大叔解释说："当然不是，其实只要仔细观察一下葡萄干，你就会发现其中的奥秘。当矿泉水倒入杯中后，葡萄干周围就会出现像气球一样的水泡，把葡萄干向上托起。当葡萄干浮到了水面时，气泡遇到空气就会破裂，没有了气泡的葡萄干就会沉下去，一会儿又有新的气泡将它重新托起。所以你才会看到葡萄干'跳舞'的现象。"

物体浮在水面的秘密

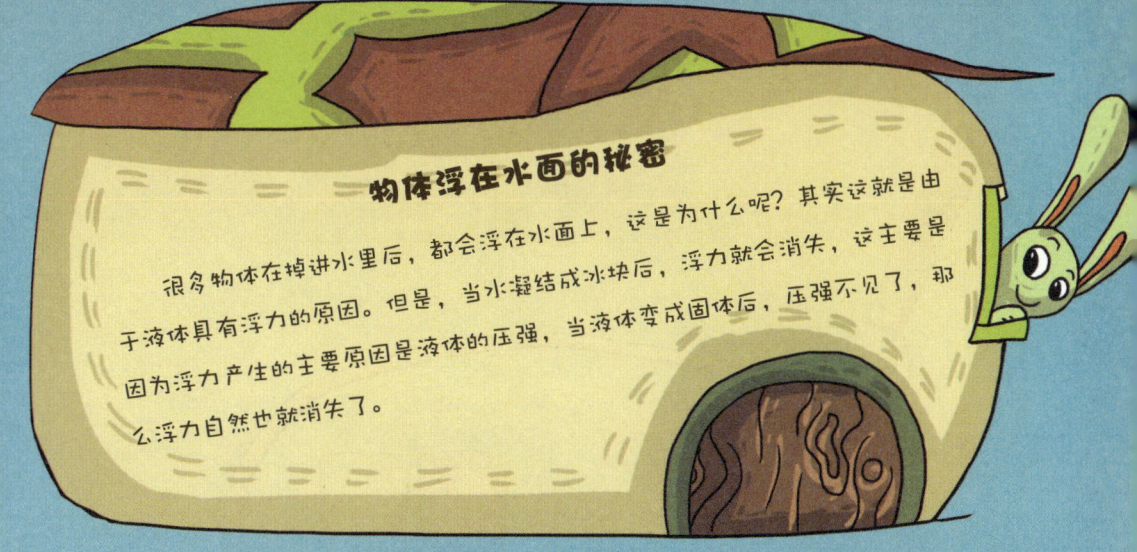

很多物体在掉进水里后，都会浮在水面上，这是为什么呢？其实这就是由于液体具有浮力的原因。但是，当水凝结成冰块后，浮力就会消失，这主要是因为浮力产生的主要原因是液体的压强，当液体变成固体后，压强不见了，那么浮力自然也就消失了。

艾米丽："皮特、威廉，你们在干什么？为什么把瓜子皮剥开却不吃啊？是留着给我吃的吗？"

皮特："想得美！我们打算做实验！"

威廉："对！我们打算看看这瓜子仁会不会在水里'跳舞'。"

艾米丽："那还是不要做这个实验了，直接吃掉算了。"

皮特："为什么？"

艾米丽："因为你们肯定看不到瓜子'跳舞'啊！葡萄干上有好多褶子，里面有空气，可是瓜子身上很光滑啊！"

威廉："有道理，皮特，咱们还是吃了吧，我都忍不住了。"

还没等皮特说话，艾米丽和威廉就把瓜子仁抢走了。

奇怪的"墨水流"

你需要准备的材料：
☆ 两个杯子
☆ 冰块若干
☆ 一个墨水盒
☆ 一块胶泥
☆ 一把剪刀

◎ 实验开始：

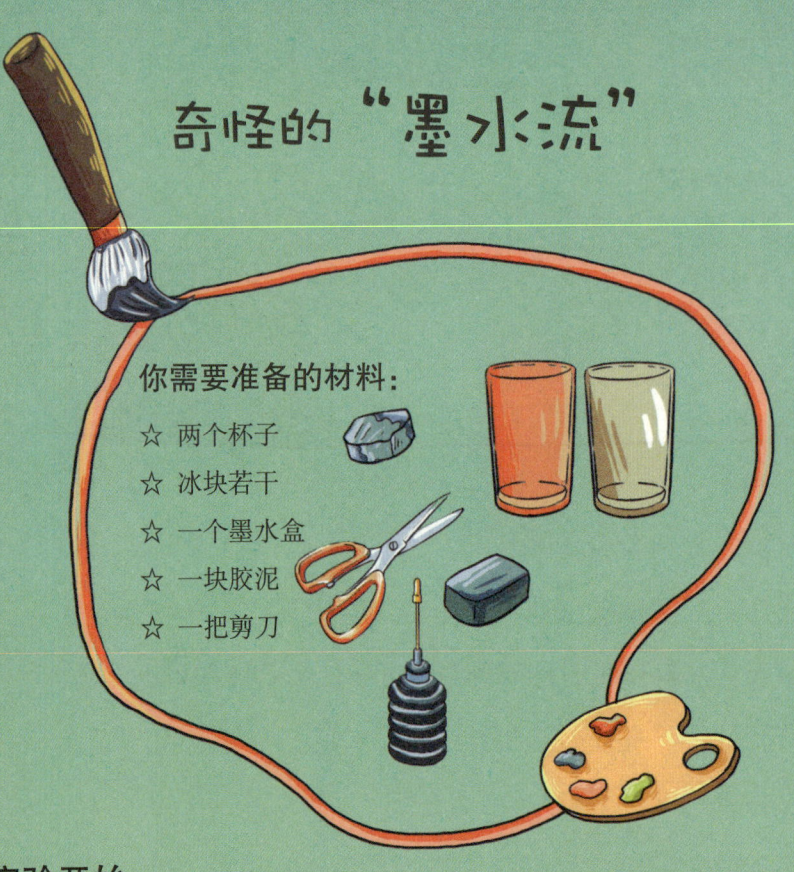

1. 两个杯子分别装入热水，向其中一个杯子里放入冰块，让它变成冷水；

2. 将墨水盒固定在胶泥上，放入另一个杯子的热水中，防止墨水盒浮起来；

3. 五分钟之后捞起墨水盒，剪开盒口迅速放入冷水中，你发现了什么？

◎ **有趣的发现：**

当把墨水盒从热水中捞起来放入冷水里后，墨盒里的墨水就会浮起来。

看到这一现象，威廉说："查尔斯大叔，墨水喷出来能说明什么呢？"

查尔斯大叔解释说："其实这一实验就是为了告诉大家，热水总是向上运动的。试验中热的墨水放入冷水中之所以会喷出来，就是因为这个原因，这也是为什么大家在喝热水时，第一口总是会被烫到的原因。"

适用于洗涤的热水

很多细菌都喜欢在凉爽的温度下生长，根据这一点，在日常生活中，人们常会用热水洗涤物品，这样能起到杀菌的作用，比如，家中的抹布用了一段时间后，都会用水煮的方式对抹布进行消毒；在清洁衣物或者洗碗时，都会用热水进行清洁。

皮特正在用嘴吹杯子里的热水，威廉看到了，说："皮特，直接往杯子里放些冰块不就好了，这样吹多费劲啊！"

皮特："就算你放冰块，你第一口喝进去的也会烫嘴的，我还是慢慢吹吧。"

威廉："怎么可能？我去试试。"

说完，威廉就去倒热水，往杯子里放冰块，吹都不吹一下就喝，只听他惨叫："烫、烫、烫……烫死了！"

会"开放"的纸花

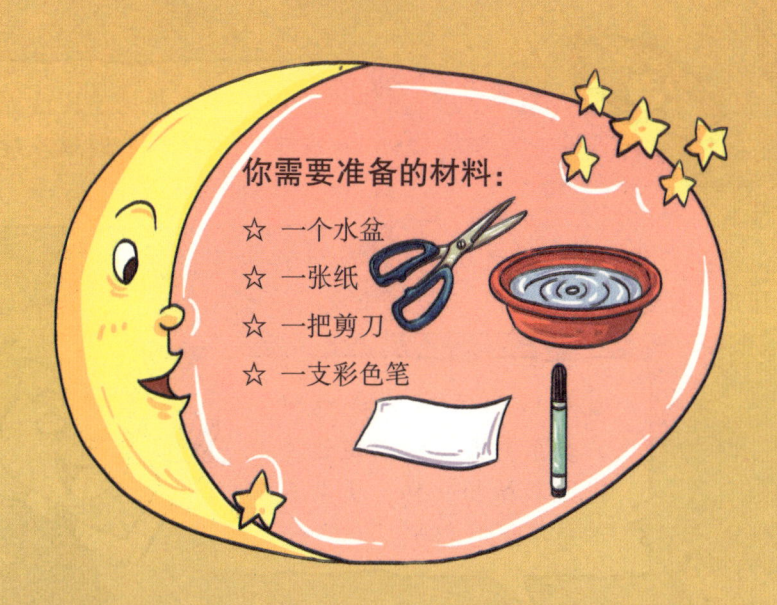

你需要准备的材料：

☆ 一个水盆
☆ 一张纸
☆ 一把剪刀
☆ 一支彩色笔

◎ **实验开始：**

1. 将纸剪成一个八角星，并用彩色笔在八个角上涂上你喜欢的颜色，变成一朵美丽的花；
2. 把涂好的花向中间对折；
3. 把叠好的花放在水盆里，你发现了什么？

◎ 有趣的发现：

当把折好的花放入水盆后，里面的花瓣会慢慢打开，能看到花心。

"天啊！居然开花了！这也太神奇了！"皮特看到纸花绽开后，不禁兴奋地叫起来。

查尔斯大叔看到大家兴奋的模样，说："其实，纸花之所以会打开，就是因为水。"

威廉听到这里不解地问："查尔斯大叔，难道这个纸花也和植物一样，需要吸收水分才会开花吗？"

查尔斯大叔笑着说："当然，但是纸花吸收水分与植物吸收水分的作用是不一样的。植物吸收水分是为了更好地进行光合作用，而纸花却是因为水挤进了纸的纤维中，尤其是折痕处的纤维，这些纤维吸收膨胀后，就会慢慢打开，于是我们就会看到纸'开花'的现象。"

吸收水分的根部

植物主要是依靠根部从外界吸收水分，而根尖则是吸收水的重要部位。由于植物叶子的蒸腾作用，让植物很快就失去体内的水分，而在蒸腾的过程中，水不想被蒸发出去，这些水分子之间就会产生一定的拉力，从上到下，上面只要失去水分，下面就会有水继续被"吸"进来。并且，植物的根还有吸收矿物质的作用，为树木补充营养，但是，植物吸收矿物质与吸收水的途径是分两条路线的，属于两个独立的过程。

威廉："皮特，快看我的纸花好看不？"

皮特："恩！确实挺好看的！"

威廉："那是！我可花了很多工夫做的。"

皮特："等等！威廉，你用什么纸做的啊？"

威廉："我也没注意，就是从书包里随便抽出一张纸。"

皮特："威廉，你犯错误了，这是咱们的试卷，老师一定会批评你的！"

活跃的"潜水员"

你需要准备的材料:
☆ 一个玻璃杯
☆ 一瓶水
☆ 一个香水瓶

◎ **实验开始:**

1. 往杯子中装入大半杯水,并把香水瓶的头朝下放入杯子中;
2. 用手盖住杯子,一定要盖严实,你发现了什么?

◎有趣的发现：

当把香水瓶倒扣放入杯子后，香水瓶中就会进入水，直到香水瓶浮在杯子里，当你用手盖住了杯子，香水瓶就会往下沉，把手松开，杯子就会又浮起来。

"天啊！真是太好玩了！怎么还能一上一下呢？"威廉兴奋地说道。

查尔斯大叔解释说："这主要与压力有关。当你用手盖住杯子时，就会加大杯子里的压力，香水瓶里面就会灌入更多的水，渐渐沉下去，但是当你松开手后，就恢复了原始压力，香水瓶自然就会又浮上来。"

液体压强

当液体受到重力的作用时，就会产生液体压强，当然，若是在失重的条件下，就没有压强可言。而且，在液体内部，同一深度各个方向的压强是相等的，所以，当你得知这个液体竖直向下的压强时，也就等于知道了在这同一深度液体各个方向的压强。

威廉正在摆弄着杯子，里面的小香水瓶也一上一下的。皮特看到后，说："威廉，还在玩啊！咦？你的这个小香水瓶真好看，颜色也好看，是从哪里找到的墨水啊？"

威廉神秘地笑了笑："哪里有什么墨水啊，全都是现成的！"

皮特："现成的？威廉，你不会又拿了艾米丽的香水吧！"

威廉："只是借用一下啦！"

皮特："……"

"不停"的螺旋

你需要准备的材料：

☆ 一根细铁丝
☆ 一个水盆
☆ 水
☆ 一块肥皂
☆ 一根针

◎ 实验开始：

1. 将细铁丝卷成螺旋状，放入水中；
2. 用针穿一块小肥皂，并放在螺旋铁丝的中间，你发现了什么？

◎ **有趣的发现：**

当把这块小肥皂放在螺旋铁丝中间时，铁丝就会不停地旋转，几个小时后都不会停止。

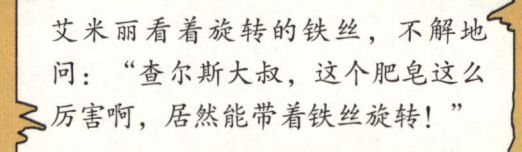

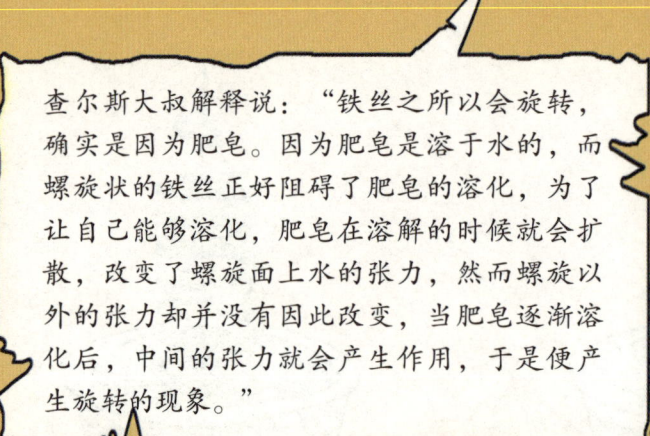

艾米丽看着旋转的铁丝，不解地问："查尔斯大叔，这个肥皂这么厉害啊，居然能带着铁丝旋转！"

查尔斯大叔解释说："铁丝之所以会旋转，确实是因为肥皂。因为肥皂是溶于水的，而螺旋状的铁丝正好阻碍了肥皂的溶化，为了让自己能够溶化，肥皂在溶解的时候就会扩散，改变了螺旋面上水的张力，然而螺旋以外的张力却并没有因此改变，当肥皂逐渐溶化后，中间的张力就会产生作用，于是便产生旋转的现象。"

不同溶液的表面张力

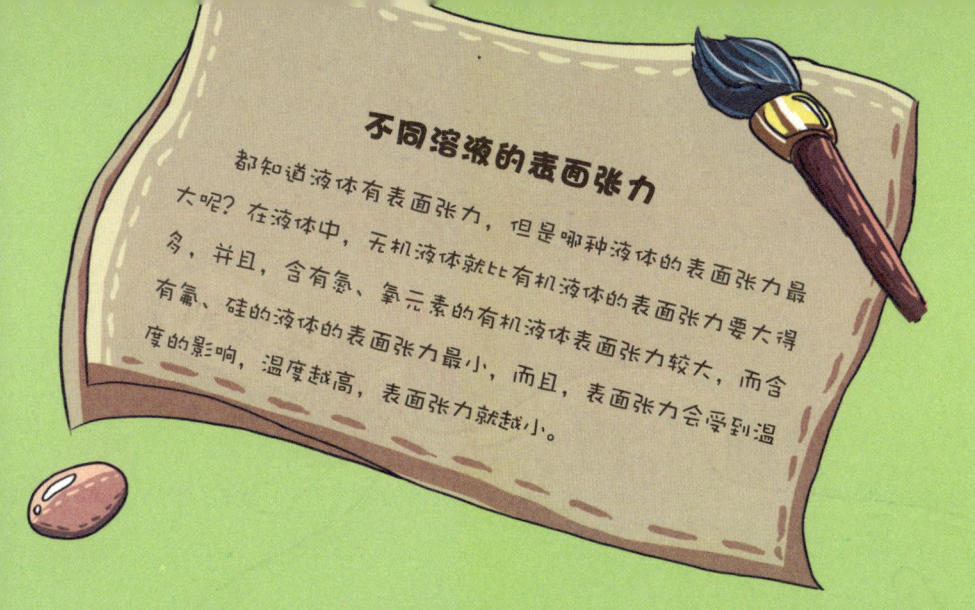

都知道液体有表面张力，但是哪种液体的表面张力最大呢？在液体中，无机液体就比有机液体的表面张力要大得多，并且，含有氮、氧元素的有机液体表面张力较大，而含有氟、硅的液体的表面张力最小，而且，表面张力会受到温度的影响，温度越高，表面张力就越小。

威廉："艾米丽，你快来看，纸片放进水里，再放入肥皂，纸片也会'跑'啊！"

艾米丽走过来："哇！真的耶！威廉，你真棒，总能想到用不同的东西做实验。"

威廉："不要夸我了，我会骄傲的！"

皮特也走过来看，无奈地说："威廉，你怎么又拿了一张试卷去做实验？"

"行动"迅速的火柴

你需要准备的材料：

☆ 两根火柴
☆ 两个盆子
☆ 适量水
☆ 一瓶洗涤剂
☆ 一把刀

◎ 实验开始：

1. 用小刀小心地将两根火柴的一端削成叉状；
2. 在一根火柴的叉状地方，滴上几滴洗涤剂，放入盛有水的水盆中；
3. 再将没有滴洗涤剂的火柴，放入一盆清水中，你观察到了什么？

112

◎ 有趣的发现：

当把滴有洗涤剂的火柴放入水中后，火柴就像火箭一样，一下子就射了出去。而没有滴洗涤剂的火柴，则平静地浮在水面上。

看到这一现象，皮特问："查尔斯大叔，火柴之所以会跑，是不是因为涂了洗涤剂呢？"

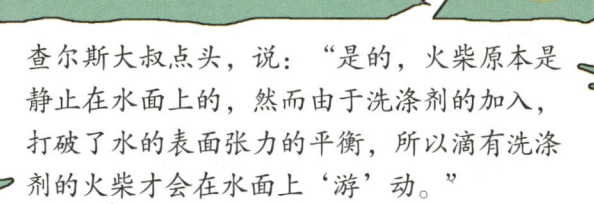

查尔斯大叔点头，说："是的，火柴原本是静止在水面上的，然而由于洗涤剂的加入，打破了水的表面张力的平衡，所以滴有洗涤剂的火柴才会在水面上'游'动。"

艾米丽又问："查尔斯大叔，洗涤剂到底是溶于水还是溶于油呢？"

查尔斯大叔回答说："由于洗涤剂特殊的构造，它既能溶于水，也能溶于油，所以，在洗带有油渍的物品时，经常会用洗涤剂来帮忙。"

洗涤剂

洗涤剂的主要成分是表面活性剂,而这个表面活性剂的分子结构中,含有亲水基和亲油基这两个部分。之所以能够清洗油污,就是因为有表面活性剂,因为它的亲水基与亲油基,可以让洗涤剂在融入水的同时,与油发生反应,让油也溶于水中。

威廉:"皮特,你说我要是先往火柴上滴油,火柴会不会也跑啊?"

皮特:"应该可以吧,因为这也改变了水的表面张力啊!"

威廉:"那我再向里面滴入一滴洗涤剂呢?"

皮特:"肯定会跑得更快。"

威廉:"为什么?"

皮特:"因为看到洗涤剂后,油就会跑得很快啊!"

看"谁"先沉下去

你需要准备的材料：

☆ 一把剪刀
☆ 一张薄纸巾
☆ 两个杯子
☆ 水
☆ 一瓶洗涤剂

◎ 实验开始：

1. 用剪刀把薄纸巾剪出两个相同的形状；
2. 两个杯子里面装满水，并向其中一个杯子中加入几滴洗涤剂；
3. 将你剪出来的纸巾放入杯子中，你发现了什么？

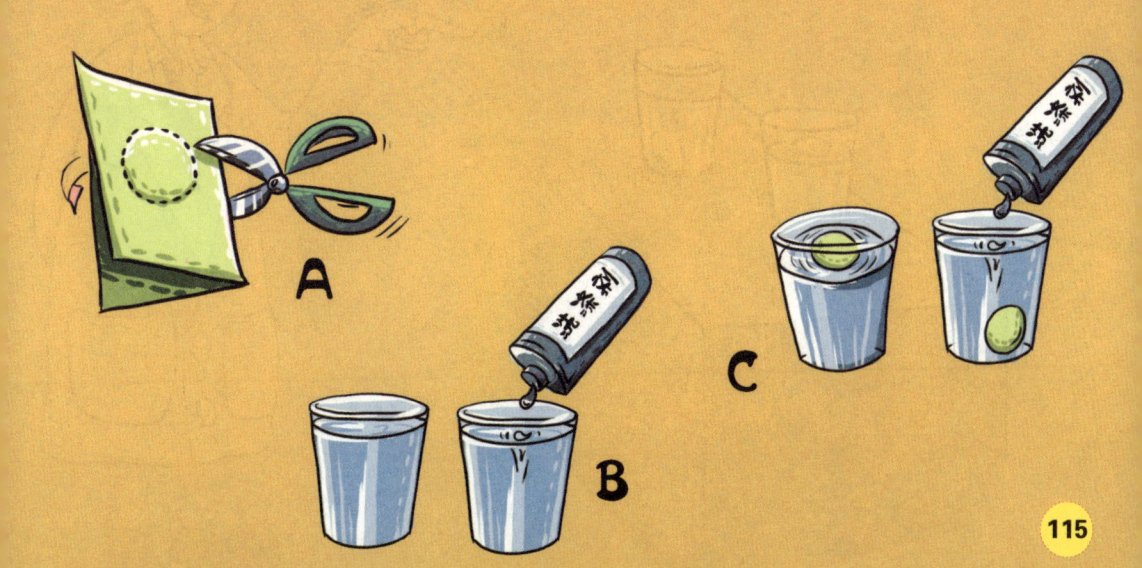

◎ **有趣的发现：**

当把纸巾分别放入两个杯子里后，滴入洗涤剂的那张纸巾很快就沉下去了，而没有滴入洗涤剂的纸巾却还漂在水面上。

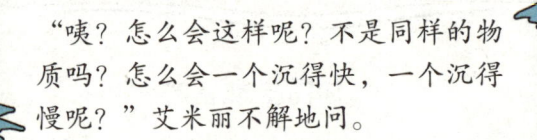

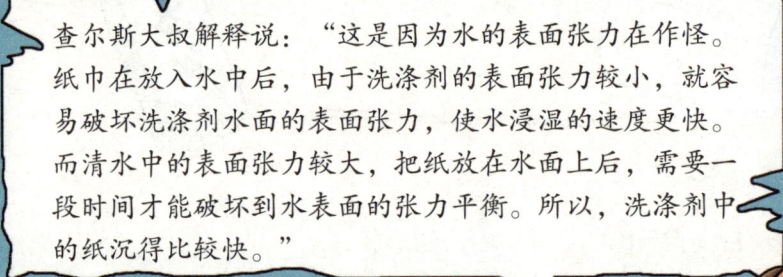

"咦？怎么会这样呢？不是同样的物质吗？怎么会一个沉得快，一个沉得慢呢？"艾米丽不解地问。

查尔斯大叔解释说："这是因为水的表面张力在作怪。纸巾在放入水中后，由于洗涤剂的表面张力较小，就容易破坏洗涤剂水面的表面张力，使水浸湿的速度更快。而清水中的表面张力较大，把纸放在水面上后，需要一段时间才能破坏到水表面的张力平衡。所以，洗涤剂中的纸沉得比较快。"

浮力与水的表面张力

质量较轻的物体可以通过浮力漂浮在水面上,而微小的物体则可以通过水的表面张力浮在水面上。这两者之间有什么不同吗?当然有,先从力的方向来说,浮力是水平向上的,而表面张力则与水面相切。而且,通常情况下,水的表面张力是固定不变的,而且此力过于微小,所以,很多情况下都是忽略不计的,而浮力则会受到水深、质量等因素的影响。

威廉:"咦?怎么回事?为什么这两个东西同时掉下去了?"

皮特正好看到威廉的实验,不禁摇摇头:"威廉,你最好换一个东西做实验。"

威廉:"为什么啊?"

皮特:"你见过漂在水面上的石头吗?"

石头

117

杯中"喷泉"

你需要准备的材料：

☆ 一个果酱瓶
☆ 一根麦秆
☆ 一块胶泥
☆ 一瓶蓝色墨水
☆ 一个煮锅

◎ **实验开始：**

1．在果酱瓶盖上钻一个麦秆大的孔，并往瓶子中装入三分之一的冷水，并滴上几滴墨水，使瓶中的水变成淡蓝色；

2．把瓶盖拧紧，并插入麦秆，插入的部分不要太长，在水下三分之二的位置就可以；

3．用胶泥将麦秆与瓶口的缝隙封住；

4．把瓶子放进装满热水的煮锅里，你发现了什么？

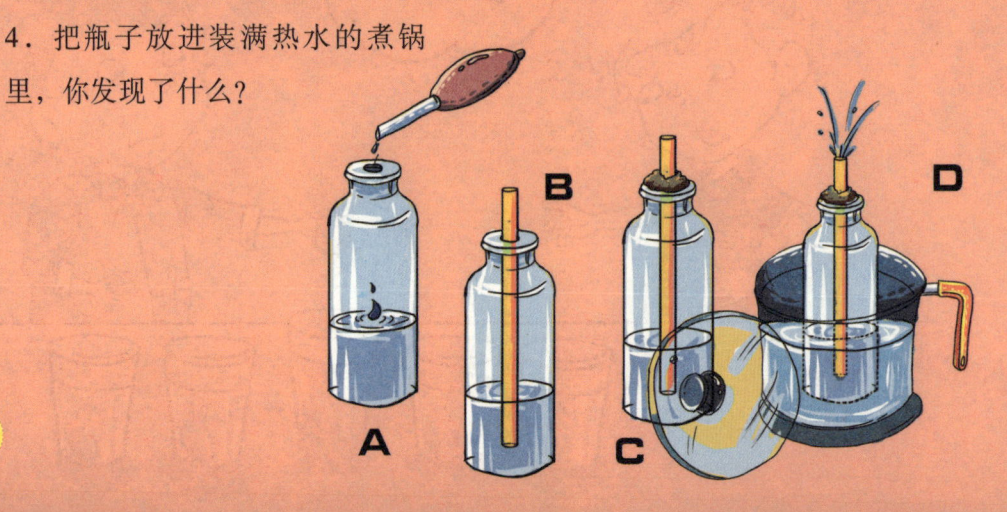

◎ **有趣的发现：**

当把瓶子放入装有热水的煮锅后，胶泥就会被崩开，水就像喷泉一样从麦秆中喷出来。

"哇！这个实验也太厉害了！居然又一次制造了喷泉。"威廉感慨地说。

查尔斯大叔解释说："之所以会出现喷泉，是因为空气压力增大。煮锅里面的热水加热了瓶中的空气，使得瓶子里的空气运动得越来越激烈，就需要更多的空间，然而用麦秆和胶泥把瓶口封住后，瓶中的空气找不到足够的运动空间，当空气膨胀到一定程度后，胶泥就会被崩开，而水就会从麦秆中喷出来。"

喷泉的原理

喷泉又叫作喷水池,也就是从一个源头向上喷出的水流,山上或旷野上经常可以看到天然的喷泉,当然,喷泉之所以能把水喷出来,就是因为拥有足够的水压,当水流离开地面时有一定的压力的时候,自然就会将水喷射到一定的高度。在日内瓦湖里就有一个喷泉,也是现代较为著名的喷泉之一。

威廉:"快来看!我的喷泉就要成功了!"

皮特和艾米丽都走到了威廉身边,观看他的试验成果,但是喷泉怎么也没有喷起来。

威廉:"咦?怎么回事?哪里出问题了?"

皮特:"威廉,麻烦你先把外面的水加热好吗?"